Kamel Saoudi

Stabilisateurs intelligents des systèmes électro-énergétiques

Kamel Saoudi

Stabilisateurs intelligents des systèmes électro-énergétiques

Commandes non linéaires des systèmes de puissance

Presses Académiques Francophones

Imprint

Any brand names and product names mentioned in this book are subject to trademark, brand or patent protection and are trademarks or registered trademarks of their respective holders. The use of brand names, product names, common names, trade names, product descriptions etc. even without a particular marking in this work is in no way to be construed to mean that such names may be regarded as unrestricted in respect of trademark and brand protection legislation and could thus be used by anyone.

Cover image: www.ingimage.com

Publisher:
Presses Académiques Francophones
is a trademark of
International Book Market Service Ltd., member of OmniScriptum Publishing Group
17 Meldrum Street, Beau Bassin 71504, Mauritius

Printed at: see last page
ISBN: 978-3-8416-3490-0

Zugl. / Agréé par: Sétif, Université Ferhat Abbas, 2014

Copyright © Kamel Saoudi
Copyright © 2015 International Book Market Service Ltd., member of OmniScriptum Publishing Group
All rights reserved. Beau Bassin 2015

Stabilisateurs intelligents des systèmes électro-énergétiques

Commandes non linéaires
des systèmes de puissance

Par :

Kamel Saoudi

Résumé

Les systèmes d'énergie électrique sont des systèmes fortement non-linéaires, complexes avec des configurations et des paramètres changeant avec le temps qui engendrent des déplacements du point de fonctionnement. D'ailleurs, pour un fonctionnement fiable et sécuritaire, le réseau d'énergie électrique doit être capable de maintenir la stabilité. De plus, l'occurrence de n'importe quelle contingences ou perturbations peuvent mener à une situation critique commençant par des oscillations électromécaniques souvent mal amorties suivies de la perte de synchronisme et d'instabilité de système si une réponse adéquate n'est pas prise dans les secondes ou parfois quelques cycles qui suivent. L'ajout d'un stabilisateur de puissance (Power System Stabilizer PSS), le moyen le plus efficace et le plus couramment utilisé pour amortir les oscillations électromécaniques et améliorer la stabilité de système, a suscité une attention permanente de la communauté scientifique, fournisseurs et chercheurs, concernée par l'énergie électrique. Dans ce travail, on à proposé une nouvelle méthode de conception d'un stabilisateur intelligent, non linéaire robuste combinant la commande adaptative, la logique floue et le mode glissant pour les systèmes de puissance multi-machines. Les caractères non linéaire et robuste de l'approche préconisée préserve la stabilité en amortissant les oscillations indépendamment du point de fonctionnement et ce même en présence des variations paramétriques. La simulation de deux systèmes de puissance de Kundur, un réseau mono machine reliée à un jeu de barre infini (SMIB) et un le réseau test multi-machines, a permis d'évaluer les performances et l'efficacité du stabilisateur proposé face aux différents contingents couramment rencontrés dans le réseau. Afin de mettre en évidence les résultats obtenus avec le stabilisateur proposé, les performances de ce dernier ont été comparées avec trois stabilisateurs : indirect adaptatif flou (AFPSS), stabilisateur flou (FPSS) et conventionnel (CPSS). Les résultats obtenus ont montrent que le stabilisateur proposé permet efficacement d'améliorer l'amortissement et assure globalement de meilleures performances comparativement aux stabilisateurs précités.

Mots clés: Système de puissance multi-machines, stabilisateur du système de puissance (PSS), commande par mode glissant, commande par logique floue, commande adaptative, optimisation par essaim de particules (PSO).

Abstract

The electric power systems are strongly nonlinear systems, complex with configurations and parameters changing with the time, which generates displacements of the point of operation. Moreover, for a reliable and sedentary operation, the electric power system must be able to maintain stability. In such drastic conditions, the occurrence of any contingency or disturbance may lead to a critical situation starting with poorly damped electromechanical oscillations followed by loss of synchronism and power system instability if no adequate response is promptly taken. The addition of stabilization devices (Power System Stabilizer PSS), the most effective means and most commonly used to damp electromechanical oscillations and improve system stability, has attracted a permanent attention of the scientific community, suppliers and researchers concerned with the electric power systems. In this work, we proposed a new method to design an intelligent stabilizer, combining robust nonlinear adaptive control, fuzzy logic and sliding mode control for multi-machine power systems. The nonlinear and robust character of the recommended approach preserves stability by damping the oscillations independently of operation condition in the presence of parametric variations. Performance of the proposed stabilizer is evaluated for single machine infinite base (SMIB) and a two-area four-machine power system subjected to different types of disturbances. Simulation results are then compared to those obtained with a conventional PSS, with a fuzzy logic based stabilizer and with an indirect adaptive fuzzy PSS clearly showing the effectiveness and robustness of the proposed approach.

Keywords: Multi-machine power systems, power system stabilizer (PSS), sliding mode control, fuzzy logic control, adaptive control, particle swarm optimization (PSO).

Remerciements

Je tiens particulièrement à remercier Monsieur Mohamed Naguib HARMAS, Professeur à l'Université Ferhat Abbas de Sétif1, pour avoir accepté de diriger ce travail, pour ses conseils précieux et ses encouragements tout au long de ce travail.

Je remercie Monsieur Lazhar RAHMANI, professeur à l'Université de Sétif1 pour avoir accepté de présider le jury.

Je tiens également à remercier les membres du jury, Messieurs Tarek BOUKTIR, professeur à l'Université de Sétif1, Rachid ABDESSEMED, professeur à l'Université de Batna, Aziz CHAGHI, professeur à l'Université de Batna, Khaled CHIKHI, professeur à l'Université de Batna pour avoir accepté d'être membres examinateurs de cette thèse.

J'adresse mes sincères remerciements vont aussi aux personnes qui m'ont aidé en contribuant, de près ou de loin, à l'aboutissement de ce travail.

Enfin, je remercie tout particulièrement mes parents, pour leur soutien inconditionnel tout au long de ces longues années d'études, ainsi pour tout ce qu'ils ont fait pour moi. Ils se sont beaucoup sacrifiés pour m'offrir toutes les conditions nécessaires afin que je puisse devenir ce que je suis.

Dédicaces

A mes chers parents
A toute ma famille
A mes amis

Sommaire

Résumé 2

Abstract 4

Remerciements 5

Dédicaces 6

Sommaire 7

Acronymes et Symboles 10

Introduction Générale 12

Chapitre 1 16

    Stabilité Transitoire des Réseaux d'Energie Electriques 16

1.1. Introduction 17
1.2. Stabilité des réseaux d'énergie électrique 17
1.3. Différents types de stabilité 18
    1.3.1. Stabilité de l'angle du rotor 18
    1.3.2. Stabilité de tension 20
    1.3.3. Stabilité de fréquence 20
1.4. Méthodes d'analyse de la stabilité transitoire 20
    1.4.1. Intégration Numérique 20
    1.4.2. Méthodes directes ou méthodes énergétiques 21
    1.4.3. Méthodes hybrides 26
    1.4.4. Méthodes stochastiques 26
1.5. Conclusion 27

Sommaire

Chapitre 2 28

    Modélisation des Réseaux Électriques et Leurs Régulateurs 28

2.1. Introduction 29

2.2. Modélisation de la machine synchrone (Modèle à deux axes) 30

    2.2.1. Introduction 30

    2.2.2. Hypothèses du modèle 30

    2.2.3. Transformation de Park 31

    2.2.4. Équation du mouvement de la machine synchrone 34

    2.2.5. Équations électriques de la machine synchrone 36

2.3. Modélisation des régulateurs de la machine 41

    2.3.1. Régulateur de tension 41

    2.3.2. Stabilisateur de puissance (PSS) 42

    2.3.3. Régulateur de vitesse et model de la turbine 43

2.4. Modélisation des réseaux de transport 44

    2.4.1. Ligne de transmission 44

    2.4.2. Les transformateurs 44

2.5. Modélisation des charges 46

2.6. Equations du réseau multi-machines 46

2.7. Modèle d'équation d'état d'un système de puissance 49

2.8. Conclusion 51

Chapitre 3 52

    Conception d'un Stabilisateur Intelligent : Indirect Adaptatif Flou de Mode Glissant 52

3.1. Introduction 53

3.2. Formulation de problème 54

    3.2.1. Model dynamique de système de puissance 54

    3.2.2. Objectif de commande 56

3.3. Conception d'un stabilisateur indirect adaptatif flou d'un système de puissance 57

3.3.1. Systèmes logiques flous : 57

3.3.2. Conception d'un contrôleur indirect adaptatif flou 58

3.4. Conception d'un stabilisateur indirect adaptatif flou mode glissant d'un système de puissance 62

3.4.1. Commande par mode glissant 62

3.4.2. Conception d'un contrôleur indirect adaptatif flou par mode glissant 65

3.5. Conclusion 70

Chapitre 4 72

Résultats et Validation 72

4.1. Introduction 73

4.2. Procédé de conception d'un stabilisateur indirect adaptatif flou de mode glissant... 73

4.3. L'optimisation par essaim de particules (PSO) 76

4.4. Application au système mono machine SMIB 79

4.4.1. Description du système de puissance : 79

4.4.2. Résultats de simulation 79

4.5. Application à un système multi-machines 84

4.5.1. Description du réseau étudié 84

4.5.2. Amortissement des oscillatoires inter-régions 85

4.5.3. Intérêt de l'amortissement des oscillations inter-régions 87

4.5.4. Résultats de simulation 87

4.6. Conclusion 100

Conclusion Générale et Perspectives 102

Annexe 104

Bibliographie 106

Acronymes et Symboles

Acronymes

AVR	Automatic Voltage Regulator (régulateur automatique de tension)
PSS	Power System Stabilizer (stabilisateur du système de puissance)
CPSS	Conventional Power System Stabilizer (stabilisateur conventionnel (classique) d'un système de puissance)
FPSS	Fuzzy Power System Stabilizer (stabilisateur flou d'un système de puissance)
AFPSS	Adaptive Fuzzy Power System Stabilizer (stabilisateur adaptatif flou d'un système de puissance)
AFSMPSS	Adaptive Fuzzy Sliding Mode Power System Stabilizer (stabilisateur adaptatif flou de mode glissant d'un système de puissance)
SMIB	Single Machine Infinite Bus (machine unique reliée à un nœud infini).
PSO	Particle Swarm Optimisation (optimisation par essaim de particules)

Symboles

δ	Angle du générateur (rads)
ω	Vitesse angulaire du rotor (pu)
ω_0	Vitesse de synchronisme (pu)
P_m	Puissance mécanique (pu)
P_e	Puissance électrique (pu)
I_d	Courant du générateur axe direct (pu)
I_q	Courant du générateur axe quadratique (pu)
E'_d	Force électromotrice transitoire axe direct (pu)
E'_q	Force électromotrice transitoire axe quadratique (pu)
T'_{do}	Constante de temps transitoire circuit ouvert axe direct (s)

Acronymes et Symboles

T'_{qo}	Constante de temps transitoire circuit ouvert axe quadratique (s)
x'_d	Réactance transitoire axe direct (pu)
x'_q	Réactance transitoire axe quadratique (pu)
x_d	Réactance du générateur axe direct (pu)
x_q	Réactance du générateur axe quadratique (pu)
r_a	Resistance d'armature du générateur (pu)
H	Constante d'inertie (s)
D	Constante d'amortissement (pu)
V	Tension terminale du générateur (pu)
Y	Matrice d'admittance du réseau (pu)
K_A	Gain du régulateur de tension (pu)
T_A	Constante de temps du régulateur de tension (s)
V_{ref}	Tension de référence d'excitation (pu)
E_{fd}	Tension d'excitation (pu)

Introduction Générale

La complexité des réseaux d'interconnections et leur soumission à plusieurs contraintes économiques, écologiques et techniques ont amené les fournisseurs d'énergie électrique à faire fonctionner les réseaux à pleine capacité pour avoir un équilibre entre l'augmentation de la consommation et la production, et ce dans des conditions de plus en plus proche des limites de stabilité. Dans ces conditions sévères et limites d'opération, l'occurrence de n'importe quelle contingences ou perturbations telles que les court-circuits, les variations brusques des charges, les pertes dans lignes et les pertes d'ouvrage (lignes, générateurs, transformateurs, etc.) peuvent mener à une situation critique commençant par des oscillations électromécaniques souvent mal amorties suivies de la perte de synchronisme et d'instabilité de système. Ces oscillations électromécaniques de faibles fréquences sont associées à l'angle de rotor des machines synchrones fonctionnant dans un système les reliant ensemble par des lignes de transmission longues avec d'autres groupes des machines. Celles-ci limitent la capacité de transfert des systèmes de puissance et continuent à se développer entraînant la perte de synchronisme et la séparation du système si aucune réponse adéquate n'est rapidement prise. Pour surmonter le problème des oscillations électromécaniques et améliorer l'amortissement du système, des signaux supplémentaires stabilisateurs sont ajoutés dans le système d'excitation via le régulateur de tension. L'ajout d'un stabilisateur de puissance (Power System Stabilizer PSS), le moyen le plus efficace et le plus couramment utilisé pour amortir les oscillations électromécaniques et assurer la stabilité de système, a suscité une attention permanente de la communauté scientifique, fournisseurs et chercheurs, concernée par l'énergie électrique.

Le stabilisateur dit conventionnel (CPSS) est le premier stabilisateur utilisé, principalement basé sur l'utilisation de compensateurs avance et retard à paramètres fixes pour un modèle linéarisé du système de puissance autour d'un point de fonctionnement spécifique [1-4]. D'autres stabilisateurs ont été synthétisés depuis, utilisant la commande par placement de pôles du modèle linéaire du système [5-8], la commande robuste [9-12] et optimale [13-16]. Cependant les systèmes de puissance sont fortement non-linéaires avec des configurations et des paramètres changeant avec le temps qui engendrent des déplacements du point de fonctionnement, ce qui implique que les paramètres des stabilisateurs utilisés ne sont plus adaptés aux nouveaux points de fonctionnement résultant. Ces stabilisateurs ne peuvent donc pas traiter les grands changements des conditions de fonctionnement d'où l'idée d'utiliser la commande adaptative dans la conception de stabilisateurs adaptatifs [17-21]. L'intérêt de ces stabilisateurs est leur capacité à ajuster les paramètres du régulateur en ligne tandis que les conditions de fonctionnement du système de puissance évoluent. Les stabilisateurs adaptatifs fournissent de meilleure performance lorsque la dynamique du système est inconnue ou change au cours du temps pour un système linéaire. Cependant, ils souffrent de l'inconvénient principal d'exiger l'identification d'un modèle, l'observation d'état et le calcul en ligne du gain de rétroaction pour un modèle non linéaire inconnu.

A l'instar d'autres applications, les stabilisateurs de puissance ont bénéficié dans leur conception du développement des techniques de l'intelligence artificielle telle que la logique floue [22- 26] et les réseaux neurones [27, 31]. Ces techniques ne requièrent pas de modèle mathématique précis du système à commander et permettent d'approximer n'importe qu'elle fonction non linéaire. Néanmoins la commande à paramètres fixes empêche l'obtention de performance satisfaisante en cas de changements des conditions de fonctionnement telles qu'une modification soudaine de la charge ou en cas d'une perturbation importante tel qu'un court-circuit. Pour résoudre ces difficultés, plusieurs travaux se sont focalisés sur la combinaison de la commande adaptative et les approximateurs universels comme les systèmes flous, les réseaux de neurones qui ont été appliqués en grand nombre à la conception de stabilisateurs adaptatifs flous [32-38] et des stabilisateurs adaptatifs neuronaux [39-43]. Ces stabilisateurs mettent à profit les mérites de la commande adaptative, les approximateurs intelligents et permettent de surmonter leurs inconvénients.

Cependant, ces stabilisateurs ne permettent pas de maintenir de bonnes performances de poursuite en présence de perturbations externes.

Dans la littérature spécialisée, différentes approches d'optimisation ont été proposées dont celles utilisant l'algorithme d'optimisation par essaim de particules (Particle Swarm Optimisation PSO) pour le réglage robuste des stabilisateurs des systèmes de puissance [44-47], Le procédé d'optimisation tient compte des contraintes non linéaires faisant intervenir la stabilité, la sensibilité et la robustesse.

De nos jours, l'attention des chercheurs a été concentrée sur la conception des contrôleurs non-linéaires modernes pour les systèmes de puissance permettant de réduire les effets des perturbations internes ou externes. Parmi les techniques proposées la linéarisation de la rétroaction [48-51] où les modèles non-linéaires sont linéarisés par une boucle de rétroaction de telle manière que des techniques linéaires de commande puissent être utilisées mais cette technique ne garantit pas la robustesse. D'autre part, il est bien connu que la commande robuste possède plusieurs approches à même de traiter efficacement les incertitudes présentées par des variations des paramètres de système aussi bien que des changements des conditions de fonctionnement. Parmi celles-ci la commande par mode de glissement a été rapporté en tant qu'une des méthodologies de commande les plus efficaces pour les applications non-linéaires des système de puissance [52-56] en améliorant la stabilité de système de puissance due à ses propriétés de robustesse.

L'objectif de ce travail est de proposer une méthode de conception d'un stabilisateur intelligent réside d'une commande non linéaire robuste qui combinant la commande adaptative, la logique floue et le mode glissant pour les systèmes de puissance. Les caractères non linéaire et robuste assurent que le régulateur préserve la stabilité en amortissant les oscillations indépendamment du point d'opération et ce en présence des variations paramétriques du système.

Pour ce fait, cette thèse est organisée en quatre chapitres :

Le premier chapitre présente les définitions de base de la stabilité des réseaux d'énergie électrique et un état de l'art des méthodes utilisées pour l'analyse de la stabilité transitoire est présenté.

Le second chapitre de cette thèse est consacré à la modélisation des systèmes des réseaux électriques (systèmes électro-énergétiques) dans les études de stabilité transitoire. Dans ce chapitre, les modèles des différents éléments du réseau utilisés dans cette étude, seront présentés.

Dans le troisième chapitre, le développement d'un modèle non linéaire d'un système électro-énergétique précède l'introduction et l'application de la technique de commande adaptative floue par mode glissant dans la conception d'un stabilisateur adaptatif flou de mode glissant.

En fin, le quatrième chapitre présente les résultats de simulation des réseaux test étudiés (machine synchrone connecté a un jeu de barre infini SMIB et réseau multi-machines). Afin de mettre en évidence les résultats obtenus pour des différents types de perturbations avec le stabilisateur indirect adaptatif flou de mode glissant, les performances de ce dernier ont été comparées avec trois stabilisateurs différents.

Chapitre 1

Stabilité Transitoire des Réseaux d'Energie Electriques

1.1. Introduction

Lors de l'étude du comportement des réseaux d'énergie électriques, l'un des problèmes les plus importants que l'on rencontre souvent est l'étude de la stabilité. En effet, depuis la révolution industrielle au milieu du XVIII siècle, la demande en électricité ne fait qu'augmenter pour pouvoir faire fonctionner les usines et desservir les ménages. Les réseaux électriques ont bien évidemment connu un développement important. Il s'est donc avéré urgent d'examiner en tout temps le comportement des réseaux face à de faibles et/ou de grandes perturbations. Ces perturbations, qui peuvent être d'origine diverses, sont la source d'une différence entre la puissance mécanique (la production) et la puissance électrique (la consommation).

Dans ce chapitre, on commence par définir les différents types de stabilité pour évoquer ensuite brièvement différentes méthodes d'analyse de la stabilité transitoire.

1.2. Stabilité des réseaux d'énergie électrique

D'un point de vue physique, la stabilité est définie comme un état d'équilibre de forces opposées. Dans le cas des réseaux électriques, ces forces sont liées à l'interaction de machines connectées aux réseaux électriques. Le groupe de travail IEEE / CIGRE a proposé une définition de la stabilité des réseaux électriques [57]:

La stabilité d'un système de puissance est la capacité d'un système d'énergie électrique, pour une condition de fonctionnement initiale donnée, de retrouver le même état ou un autre état d'équilibre après avoir subi une perturbation physique, en gardant la plupart des variables du système dans leurs limites, de sorte que le système entier reste pratiquement intact.

L'instabilité peut prendre plusieurs formes dépendamment des conditions d'opération et de la configuration du réseau mais le maintien du synchronisme sur le réseau demeure un but primordial. Il faut donc suivre la dynamique des générateurs à travers les angles du rotor et les puissances.

1.3. Différents types de stabilité

L'instabilité d'un réseau électrique peut être causée par de nombreux facteurs comme il est précisé précédemment. L'analyse des problèmes de stabilité et l'identification des facteurs contribuant à l'atteinte de stabilité ont permis d'améliorer la stabilité des réseaux électriques et de classer la stabilité en fonction de leur nature. Pour cette classification on se base surtout sur :

- la nature physique de l'instabilité ;
- l'amplitude de perturbations ;
- la plage de temps des phénomènes ;
- les méthodes de calcul et prédiction utilisée pour étudier la stabilité.

La figure (1.1) adaptée de [57] et [58] classe bien les problèmes de stabilité en tenant compte de tous ces paramètres.

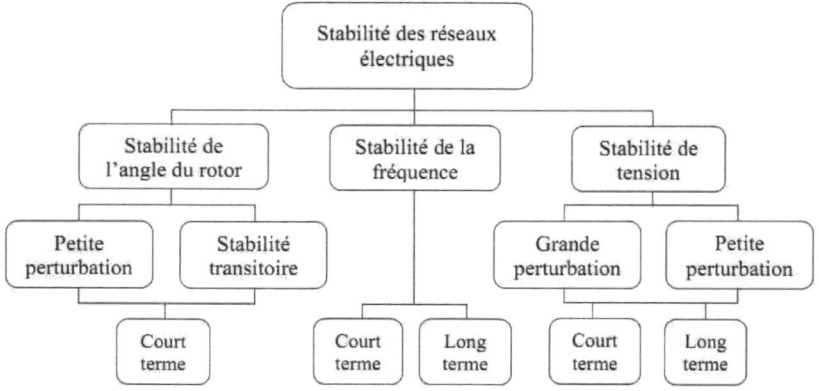

Figure 1.1. Classification des différents types de la stabilité des systèmes de puissance.

1.3.1. Stabilité de l'angle du rotor

La stabilité de l'angle de rotor concerne la capacité des machines synchrones d'un système de puissance interconnecté de rester en synchronisme suite à une perturbation. Elle dépend de la capacité de maintenir/restaurer l'équilibre entre les couples électromagnétique et mécanique agissant sur le rotor de chaque machine synchrone du système. L'instabilité qui peut résulter se produit sous forme d'augmentation des oscillations angulaires de certains générateurs pouvant conduire à une perte de synchronisme avec d'autres générateurs [57,59].

Suivant l'amplitude de la perturbation, nous pouvons caractériser la stabilité de l'angle de rotor en deux sous-catégories :

1.3.1.1. Stabilité angulaire aux petites perturbations (en petits signaux)

Elle est définie par la capacité du système de puissance de maintenir le synchronisme en présence des petites perturbations. Les perturbations sont considérées comme suffisamment petites pour que la linéarisation des équations du système soit permise aux fins de l'analyse. L'instabilité résultante se manifeste sous forme d'un écart croissant, oscillatoire ou non-oscillatoire, entre les angles de rotor.

1.3.1.2. Stabilité angulaire aux grandes perturbations (stabilité transitoire)

Elle concerne la capacité du système de puissance de maintenir le synchronisme après avoir subi une perturbation sévère transitoire tel un court-circuit sur une ligne de transmission ou une perte d'une partie importante de la charge ou de la génération. La réponse du système implique de grandes variations des angles de rotor. Elle dépend de la relation non-linéaire couples-angles.

La stabilité transitoire dépend non seulement de l'amplitude des perturbations et du point de fonctionnement initial mais elle dépend également des caractéristiques dynamiques du système. Elle se manifeste à court terme sous forme d'un écart croissant de façon apériodique de certains angles de rotor. Si l'instabilité se manifeste directement suite à la perturbation (plus précisément dans la première seconde qui suit l'élimination du défaut), elle est appelée instabilité de première oscillation (First Swing Instability), (cas 1, figure (1.2)), et elle s'étend sur 3 à 5 secondes. L'instabilité transitoire peut aussi se manifester autrement , elle peut résulter de la superposition des effets de plusieurs modes d'oscillation lents excités par la perturbation, provoquant ainsi une variation importante de l'angle de rotor au-delà de la première oscillation (instabilité de multi-oscillations), (cas 2, figure (1.2)). La gamme de temps associée va de 10 à 20 secondes.

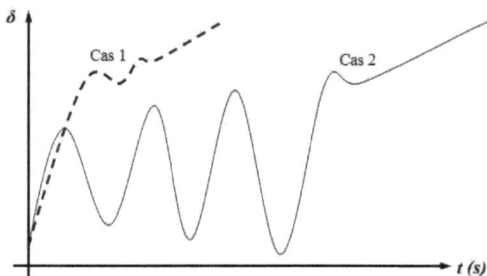

Figure 1.2. Variation d'angle de rotor.

Cas 1 : instabilité de première oscillation. Cas 2 : instabilité de multi-oscillations.

1.3.2. Stabilité de tension

La stabilité de tension, par définition, se rapporte à la capacité d'un système de puissance, pour une condition de fonctionnement initiale donnée, de maintenir des valeurs de tensions acceptables à tous les nœuds du système après avoir subi une perturbation. La stabilité de tension dépend donc de la capacité de maintenir/restaurer l'équilibre entre la demande de la charge et la fourniture de la puissance à la charge. L'instabilité résultante se produit très souvent sous forme de décroissance progressive de tensions à quelques nœuds.

1.3.3. Stabilité de fréquence

La stabilité de la fréquence d'un système de puissance se définit par la capacité du système de maintenir sa fréquence proche de la valeur nominale suite à une perturbation sévère menant par conséquent à un important déséquilibre, entre les puissances produite et consommée.

1.4. Méthodes d'analyse de la stabilité transitoire

1.4.1. Intégration Numérique

L'étude de la stabilité en utilisant cette méthode consiste à trouver un modèle mathématique capable de représenter le réseau et la dynamique des machines durant trois phases importantes : avant, pendant et après une perturbation quelconque. Les équations sont résolues dans le domaine temporel en se servant des méthodes d'intégration numérique [60,61].

Les méthodes les plus utilisées sont la méthode d'Euler modifiée et celle de Runge-Kutta d'ordre 4.

1.4.2. Méthodes directes ou méthodes énergétiques

1.4.2.1. Méthodes graphiques (Critère d'égalité des aires)

Le critère d'égalité des aires (EAC : Equal Area Criterion) est utilisé dans l'étude de la stabilité transitoire développé à l'origine pour un système mono-machine, et par la suite aux systèmes multi-machines en les remplaçant par une machine équivalente reliée à un nœud infini. Cette méthode graphique permet de conclure la stabilité du système sans tracer et analyser les réponses temporelles. [62].

Pour expliquer cette approche, nous prenons un système de puissance simple constitué d'un générateur synchrone connecté à un jeu de barre infini via une ligne de transmission, figure (1.3). Le générateur est modélisé par une source de tension idéale en série avec une réactance transitoire (modèle classique) [63]. La ligne et le transformateur sont représentés par la réactance équivalente.

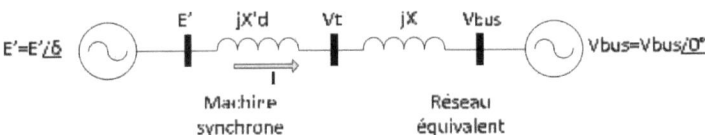

Figure 1.3. Machine synchrone connectée à un jeu de barre infini.

Dans l'état de l'équilibre, La puissance produite par le générateur P_e est donnée par l'équation suivante :

$$P_e = \frac{E'V_{bus}}{X + X'_d} \sin \delta \tag{1.1}$$

Il apparaît clairement que, P_e est une fonction sinusoïdale de δ, figure (1.4), où sa valeur maximale P_{max} est donnée par l'équation (1.2) :

$$P_{\max} = \frac{E'V_{bus}}{X + X'_d} \tag{1.2}$$

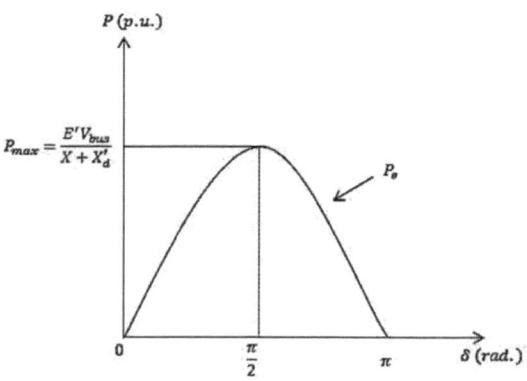

Figure 1.4. Représentation de la puissance électrique par rapport à l'angle du rotor

Le critère d'égalité des aires regroupe l'équation du mouvement et la courbe (P-δ) traditionnelle représentant la relation entre la puissance produite par le générateur et l'angle de rotor [64,65]. Dans la figure (1.5), la première zone (zone A1, zone d'accélération) se situe au-dessous de la droite horizontale correspondante au point de fonctionnement initial (la droite de charge). Elle est limitée par les deux angles de rotor (δ_0 et δ_1) correspondants à l'apparition et à la disparition de défaut. Cette zone est caractérisée par l'énergie cinétique stockée par le rotor du fait de son accélération : $P_m > P_e$. La deuxième zone (zone A2, zone de décélération), qui commence après l'élimination du défaut, se situe en dessus de la droite de charge : elle est caractérisée par la décélération du rotor : $P_m < P_e$.

Si le rotor peut rendre dans la zone A2 toute l'énergie cinétique acquise durant la première phase, le générateur va retrouver sa stabilité. Mais si la zone A2 ne permet pas de restituer toute l'énergie cinétique, la décélération du rotor va continuer jusqu'à la perte de synchronisme.

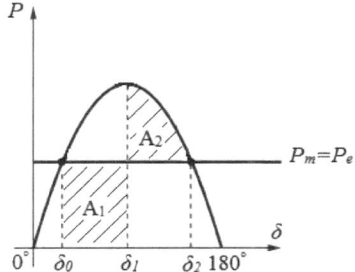

Figure 1.5. Critère de l'égalité des aires

La relation entre les aires des zones (A1 et A2) et la stabilité transitoire peut être mathématiquement expliquée comme suit :

Rappelons tout d'abord que l'équation du mouvement de générateur est donnée par la relation suivante :

$$\frac{d^2\delta}{dt^2} = \frac{\omega_s}{2H}(P_m - P_e) \quad (1.3)$$

H : la constante d'inertie.

ω_o : la vitesse de synchronisme.

P_m : la puissance mécanique fournie au générateur.

P_e : la puissance électrique du générateur.

En multipliant cette équation par $2.\frac{d\delta}{dt}$, en intégrant par rapport au temps et en faisant un changement de variables, nous obtenons :

$$\left(\frac{d\delta}{dt}\right)^2 + cte = \int_{\delta_0}^{\delta_2} \frac{\omega_s}{H}(P_m - P_e).d\delta \quad (1.4)$$

δ_0 : l'angle de rotor, initial, à l'instant de l'application de défaut.

δ_2 : l'angle de rotor à la fin de la période transitoire.

Ainsi, lorsque : $t=0 \Rightarrow \delta = \delta_0$, $\frac{d\delta}{dt}=0 \Rightarrow$ la constante $cte = 0$.

Après l'élimination du défaut, l'angle δ va s'arrêter de varier et le générateur va retrouver sa vitesse de synchronisme, lorsque $\frac{d\delta}{dt}=0$

Par conséquent, l'équation (1.4) s'écrit comme suit :

$$\int_{\delta_0}^{\delta_2} \frac{\omega_s}{H}(P_m - P_e).d\delta = 0 \tag{1.5}$$

$$\Rightarrow \int_{\delta_0}^{\delta_1} \frac{\omega_s}{H}(P_m - P_e).d\delta + \int_{\delta_1}^{\delta_2} \frac{\omega_s}{H}(P_m - P_e).d\delta = 0 \tag{1.6}$$

Où : δ_1 est l'angle de rotor à l'instant de l'élimination de défaut.

$$\Rightarrow A_1 - A_2 = 0 \tag{1.7}$$

Ainsi, la limite de la restauration de la stabilité transitoire se traduit mathématiquement par l'égalité des aires de la zone A1 et de la zone A2 : cette condition est appelée critère d'égalité des aires (Equal Area Criterion).

Par conséquent, les contrôleurs de la stabilité transitoire peuvent améliorer la stabilité soit en diminuant la zone d'accélération (zone A1), soit en augmentant la zone de décélération (zone A2). Cela peut être réalisé soit en augmentant la puissance électrique, soit en diminuant la puissance mécanique. En outre, un système statique d'excitation avec une tension maximale élevée et un régulateur de tension possédant une action puissante et rapide représente un moyen très efficace et économique pour assurer la stabilité transitoire [66].

1.4.2.2. Méthodes directes de Lyapunov

Durant les deux dernières décennies, les méthodes énergétiques directes ont suscité l'intérêt de plusieurs chercheurs. A.M. Lyapunov a développé une structure générale pour l'évaluation de la stabilité d'un système régit par un ensemble d'équations différentielles afin d'obtenir une évaluation plus rapide.

L'idée de base des nouvelles méthodes développées est de pouvoir conclure sur la stabilité ou l'instabilité du réseau d'énergie sans résoudre le système d'équations différentielles régissant le système après l'élimination du défaut. Elles utilisent un raisonnement physique simple basé sur l'évaluation des énergies cinétique et potentiel du système [67-69].

La dynamique du réseau d'énergie électrique est décrite par un système d'équations différentielles non linéaires de la forme suivante :

$$\frac{dx}{dt} = f(x,u) \tag{1.8}$$

Avec x : vecteur des variables d'état du système.

u : vecteur des paramètres du système.

Soit une trajectoire x_s, on dit que x_s est un point d'équilibre du système si $f(x_s, u) = 0$. Le théorème de stabilité de Lyapunov stipule que le point d'équilibre (origine) x_s est stable si dans un certain voisinage Ω de l'origine x_s, il existe une fonction réelle scalaire (fonction de Lyapunov) V(x) telle que :

1. $V(x_s) = 0$
2. $V(x) > 0$ pour tout x dans Ω
3. $\dfrac{d}{dt} V(x) \leq 0$ dans Ω

La troisième condition exprime que la fonction $V(x)$ diminue avec le temps et tend vers sa valeur minimale (le point d'équilibre du système x_s). Plus la valeur est négative, plus rapide est le retour du système vers x_s (amortissement des oscillations plus rapide).

Contrairement à l'approche temporelle, les méthodes directes cherchent à déterminer directement la stabilité du réseau à partir des fonctions d'énergie. Ces méthodes déterminent en principe si oui ou non le système restera stable une fois le défaut éliminé en comparant l'énergie du système (lorsque le défaut est éliminé) à une valeur critique d'énergie pré-déterminée.

Les méthodes directes énergétiques non seulement permettent de gagner un temps requis au calcul que nécessite l'analyse temporelle, mais donnent également une mesure quantitative du degré de stabilité du système. Cette information additionnelle rend les méthodes directes très intéressantes surtout lorsque la stabilité relative de différentes installations doit être comparée ou lorsque les limites de stabilité doivent être évaluées rapidement.

Un avantage clé de ces méthodes est leur habilité dans l'évaluation du degré de stabilité (ou d'instabilité). Le second avantage est leur capacité à calculer la sensibilité de la marge de stabilité pour divers paramètres du réseau, permettant ainsi un calcul efficient des limites d'exploitation.

1.4.3. Méthodes hybrides

Vers le début des années 1990, les recherches ont abouti à la méthode SIME (Single Machine Equivalent). Cette méthode hybride résulte de la combinaison de deux algorithmes de stabilité transitoire, à savoir l'intégration temporelle pas à pas appliquée aux réseaux multi machines et le critère d'égalité des aires appliqué sur un réseau mono machine équivalent que l'on appellera OMIB (One Machine Infinite Bus). Cette combinaison fournit deux informations essentielles sur la stabilité transitoire, à savoir : l'identification des machines critiques (c'est-à-dire des machines responsables de la rupture éventuelle de synchronisme) et l'évaluation de la marge de stabilité [70].

1.4.4. Méthodes stochastiques

Ces méthodes utilisent beaucoup plus les données statistiques. Dans une base de données bien constituée d'état de fonctionnement particulier d'un réseau électrique, on cherche des similitudes pour pouvoir étudier la stabilité transitoire de l'état en question. L'état du système est décrit par des paramètres susceptibles d'être choisis comme entrées au critère final de stabilité. Par la suite, on analyse la base de données en décrivant les situations possibles. Cette analyse conduit à la construction d'un modèle joignant les paramètres d'état du réseau avec le critère de stabilité. En tenant compte de l'aspect aléatoire et probabiliste des facteurs initiant une perturbation, par exemple la position et le type de défaut, différentes méthodes ont été développées pour procéder à des analyses stochastiques dans le but de maintenir la stabilité transitoire du réseau électrique. Une approche basée sur les probabilités appliquant la méthode de Monte Carlo et la reconnaissance des formes a été notamment développée [71]. Cette méthode considère les événements les plus probables conduisant à la perte du synchronisme, la nature des phénomènes dynamiques et les incertitudes de modélisation. Aussi, une approche pour mesurer le risque d'instabilité transitoire d'un point de fonctionnement d'un réseau électrique est traitée par [72]. Le risque précité est défini comme étant le produit de la probabilité d'instabilité transitoire et le coût industriel lié à cette instabilité sur une période de fonctionnement bien précise. La détermination de cet indice de risque permet de disposer de décisions relatives aux limites de fonctionnement. D'autres modèles dynamiques du réseau électrique tenant compte des phénomènes transitoires et des stabilisateurs de tension et de vitesse ont aussi été développés [73]. Ces méthodes étudient les effets, d'une part, des perturbations indépendantes de l'état modélisées par des manœuvres aléatoires dans le réseau et d'autre part, les perturbations dépendantes de l'état dues par exemple aux actions des appareils de protection. Il est ainsi indiqué la probabilité d'existence d'un point de fonctionnement dans la région de sécurité.

1.5. Conclusion

Un réseau électrique est stable s'il se trouve dans un état d'équilibre dans ses conditions normales d'opération, ou s'il retrouve un état d'équilibre acceptable après une perturbation donnée. La stabilité transitoire doit être étudiée attentivement car elle permet d'assurer la continuité du service sur un réseau électrique après d'éventuelles perturbations. La stabilité transitoire dépend du type de la perturbation, de sa durée, du point de fonctionnement, des systèmes de protection et des caractéristiques dynamiques des éléments du réseau (générateurs, charges, …). Selon les techniques de simulation utilisées, la stabilité transitoire peut être analysée et évaluée par diverses méthodes.

Chapitre 2

Modélisation des Réseaux Électriques et Leurs Régulateurs

2.1. Introduction

Un système électro-énergétique (réseau d'énergie électrique et appelé aussi système de puissance) se compose d'éléments (générateurs, transformateurs, lignes,...), plus ou moins nombreux selon la taille du réseau, interconnectés, figure (2.1).

Ce chapitre propose de présenter les bagages mathématiques nécessaires de la modélisation d'un réseau électrique pour l'étude de la stabilité. Généralement, pour établir un modèle de réseau électrique pour les études dynamiques, on tient compte uniquement des équipements en activité pendant la plage temporelle du phénomène dynamique considéré. Le résultat est donc le modèle de connaissance complet du système : il se compose d'équations différentielles ordinaires non-linéaires et d'équations algébriques [58, 74, 75].

Les modèles présentés dans ce chapitre concernent les éléments suivants :

- les unités de production : générateurs électriques, systèmes d'excitation, turbines et systèmes de contrôle associés.
- les transformateurs et les lignes de transmission du réseau de transport.
- les charges.

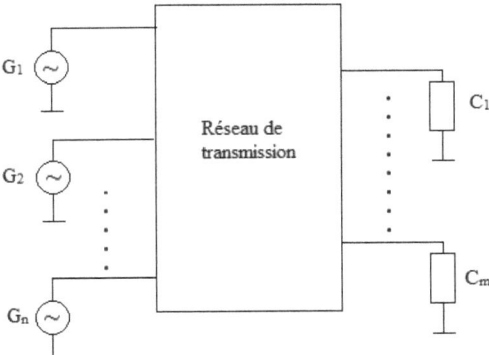

Figure 2.1. Représentation d'un système électrique multi-machines

2.2. Modélisation de la machine synchrone (Modèle à deux axes)

2.2.1. Introduction

Le modèle détaillé de la machine synchrone est représenté dans le schéma de la figure (2.2). Il comporte trois enroulements de phases a, b, c au stator et quatre enroulements au rotor dont un enroulement d'excitation et un enroulement d'amortisseur dans l'axe direct (d) et deux enroulements d'amortisseur dans l'axe en quadrature (q) avec couplage magnétique entre ces enroulements. [58, 62,74-76]

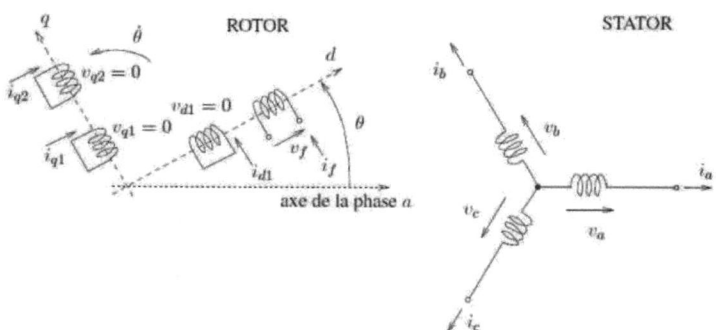

Figure 2.2. Représentation de la machine synchrone

2.2.2. Hypothèses du modèle

Pour l'analyse dynamique des réseaux électriques, on a besoin de modéliser les unités de génération de type machine synchrone dont le modèle détaillé sera brièvement présenté.

On admet dans ce qui suit les hypothèses suivantes:

- La saturation est négligée, il en résulte que les inductances propres et mutuelles sont indépendantes des courants qui circulent dans les différents enroulements.
- On ne tient pas compte de l'hystérésis et des courants de Foucault dans les parties magnétiques.
- Les forces électromotrices correspondant aux enroulements du stator sont à répartition spatiale sinusoïdale.

- L'effet de la variation de la vitesse est négligé. Cette simplification est basée sur l'idée que la vitesse ω_r en (pu) égale à 1.0. Cela ne signifie pas que la vitesse est constante mais que les variations de celle-ci sont très petites et n'ont aucun effet sur la tension au stator.

2.2.3. Transformation de Park

Considérons les trois phases du stator comme génératrices du courant et l'enroulement inducteur comme récepteur. Lorsque la saturation des circuits magnétiques et négligée, l'application de la loi d'Ohm à chacun des six enroulements de la figure (2.2) conduit aux équations suivantes :

pour les trois phases du stator :

$$v_a = -r_a i_a - \frac{d\psi_a}{dt} \tag{2.1}$$

$$v_b = -r_b i_b - \frac{d\psi_b}{dt} \tag{2.2}$$

$$v_c = -r_c i_c - \frac{d\psi_c}{dt} \tag{2.3}$$

pour les circuits du rotor :

$$v_f = r_f i_f + \frac{d\psi_f}{dt} \tag{2.4}$$

$$0 = r_{1d} i_{1d} + \frac{d\psi_{1d}}{dt} \tag{2.5}$$

$$0 = r_{1q} i_{1q} + \frac{d\psi_{1q}}{dt} \tag{2.6}$$

$$0 = r_{2q} i_{2q} + \frac{d\psi_{2q}}{dt} \tag{2.7}$$

avec

v_k : Tension aux bornes de l'enroulement k ($k = \{a, b, c, f, 1d, 1q, 2q\}$) ;

ψ_k : Flux dans l'enroulement k ;

i_k : Courant dans l'enroulement k ;

r_k : Résistance dans l'enroulement k.

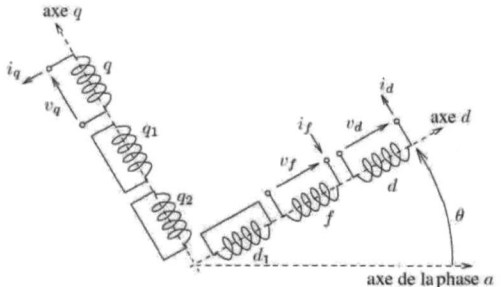

Figure 2.3. Représentation de la machine synchrone après transformation de Park

La transformation de Park (décomposition selon les deux axes d et q) peut s'interpréter comme la substitution aux trois enroulements de phase (a, b, c), immobiles par rapport au stator, de deux enroulements d et q tournant à la même vitesse que le rotor, ayant pour axes magnétiques respectivement l'axe direct et l'axe en quadrature (figure 2.3). La matrice de transformation de Park s'écrit :

$$P = \sqrt{\frac{2}{3}} \begin{bmatrix} \cos\theta & \cos\left(\theta - \frac{2\pi}{3}\right) & \cos\left(\theta - \frac{4\pi}{3}\right) \\ \sin\theta & \sin\left(\theta - \frac{2\pi}{3}\right) & \sin\left(\theta - \frac{4\pi}{3}\right) \\ \frac{1}{\sqrt{2}} & \frac{1}{\sqrt{2}} & \frac{1}{\sqrt{2}} \end{bmatrix} \quad (2.8)$$

L'application de celle-ci aux équations (2.1), (2.2) et (2.3) conduit aux équations électriques suivantes :

$$v_d = -r_a i_d + \psi_q \frac{d\theta}{dt} + \frac{d\psi_d}{dt} \quad (2.9)$$

$$v_q = -r_a i_q - \psi_d \frac{d\theta}{dt} + \frac{d\psi_q}{dt} \quad (2.10)$$

Les équations magnétiques entre les courants et les flux dans les différents enroulements se décomposent alors en deux systèmes linéaires : un pour chacun des deux axes. Ces derniers s'écrivent sous la forme :

Les relations entre les courants dans les différents enroulements et les flux à travers ces enroulements peuvent être construites sous la forme matricielle suivante:

$$\begin{bmatrix} \psi_d \\ \psi_{fd} \\ \psi_{1d} \end{bmatrix} = \frac{1}{\omega} \begin{bmatrix} -x_d & x_{afd} & x_{a1d} \\ -x_{fda} & x_f & x_{f1d} \\ -x_{1da} & x_{1df} & x_{1d} \end{bmatrix} \begin{bmatrix} i_d \\ i_{fd} \\ i_{1d} \end{bmatrix} \quad (2.11)$$

$$\begin{bmatrix} \psi_q \\ \psi_{1q} \\ \psi_{2q} \end{bmatrix} = \frac{1}{\omega} \begin{bmatrix} -x_q & x_{a1q} & x_{a2q} \\ -x_{1qa} & x_{1q} & x_{1q2q} \\ -x_{2qa} & x_{2q1q} & x_{2q} \end{bmatrix} \begin{bmatrix} i_q \\ i_{1q} \\ i_{2q} \end{bmatrix} \quad (2.12)$$

Dans les études concernant les machines synchrones dans un modèle de réseau d'énergie électrique, il est préférable de travailler avec des grandeurs normalisées par rapport aux grandeurs nominales. Ces grandeurs réduites sont exprimées en p.u. (per. unit).

Les grandeurs de base sont :

Pour la vitesse : $\omega_b = 2\pi f$, ou f est la fréquence du réseau.

Pour la tension : $V_b = R_b I_b = \omega_b \psi_b$

Pour le flux : $\psi_b = \dfrac{X_b I_b}{\omega_b}$

Les grandeurs réduites en p. u sont alors définies par :

$I_k = \dfrac{i_k}{I_b}$, $\psi_k = \dfrac{\psi_k}{\psi_b}$, $V_k = \dfrac{v_k}{V_b}$, $r_k = \dfrac{r_k}{R_b}$. ($k=\{a, b, c, f, 1d, 1q, 2q \}$)

Les équations (1,4)- (1,7), (1,9) et (1,10), exprimées en valeur réduite sont de la forme :

$$V_d = -r_a I_d - \omega \psi_q + \frac{d\psi_d}{dt} \quad (2.13)$$

$$V_q = -r_a I_q + \omega \psi_d + \frac{d\psi_q}{dt} \quad (2.14)$$

$$V_{fd} = r_{fd} I_{fd} + \frac{d\psi_{fd}}{dt} \quad (2.15)$$

$$0 = r_{1d} I_{1d} + \frac{d\psi_{1d}}{dt} \quad (2.16)$$

$$0 = r_{1q} I_{1q} + \frac{d\psi_{1q}}{dt} \quad (2.17)$$

$$0 = r_{2q} I_{2q} + \frac{d\psi_{2q}}{dt} \quad (2.18)$$

On peut aussi rendre les matrices des deux systèmes (2.11), (2.12) symétriques par un choix approprié des grandeurs de base pour les réactances. L'équation magnétique matricielle en valeur réduite s'écrit alors :

$$\begin{bmatrix} \psi_d \\ \psi_{fd} \\ \psi_{1d} \\ \psi_q \\ \psi_{1q} \\ \psi_{2q} \end{bmatrix} = \frac{1}{\omega} \begin{bmatrix} -x_d & x_{md} & x_{md} & 0 & 0 & 0 \\ -x_{md} & x_{fd} & x_{md} & 0 & 0 & 0 \\ -x_{md} & x_{md} & x_{1d} & 0 & 0 & 0 \\ 0 & 0 & 0 & -x_q & x_{mq} & x_{mq} \\ 0 & 0 & 0 & -x_{mq} & x_{1q} & x_{mq} \\ 0 & 0 & 0 & -x_{mq} & x_{mq} & x_{2q} \end{bmatrix} \begin{bmatrix} I_d \\ I_{fd} \\ I_{1d} \\ I_q \\ I_{1q} \\ I_{2q} \end{bmatrix} \qquad (2.19)$$

2.2.4. Équation du mouvement de la machine synchrone

L'équation du mouvement d'une machine synchrone est décrite par le produit du coefficient d'inertie et de l'accélération angulaire du système, qu'on appelle couple d'accélération [63, 65].

En effet :

$$J \frac{d^2 \theta_m}{dt^2} = T_a = T_m - T_e \quad (\text{N.m}) \qquad (2.20)$$

où

J : Inertie totale du système (turbine + machine) (Kg .m^2);

θ_m : Position angulaire dans le référentiel stationnaire (rad);

t : Temps (sec);

T_m : Couple mécanique (N.m);

T_e : Couple électrique (N.m);

T_a : Couple d'accélération (N.m)

On pose :

$$\theta_m = \omega_{msyn} t + \delta_m \qquad (2.21)$$

où :

ω_{msyn} : Vitesse synchrone du rotor (rad/s);

δ_m : Position angulaire du rotor dans le référentiel synchrone (rad).

La dérivée de (2.21) par rapport au temps, permet d'obtenir la vitesse angulaire du rotor :

$$\frac{d\theta_m}{dt} = \omega_{msyn} + \frac{d\delta_m}{dt} \tag{2.22}$$

$$\frac{d^2\theta_m}{dt^2} = \frac{d^2\delta_m}{dt^2} \tag{2.23}$$

L'équation (2.22) montre que la vitesse angulaire du rotor, $d\theta_m/dt$, est constante et égale à ω_{msyn} si $d\delta_m/dt$ est nulle. Ici, $d\delta_m/dt$ est la déviation de la vitesse du rotor par rapport à la vitesse synchrone. De plus, l'équation (2.23) montre l'accélération du rotor.

En portant (2.23) dans (2.20), on obtient :

$$J\frac{d^2\delta_m}{dt^2} = T_a = T_m - T_e \quad (\text{N.m}) \tag{2.24}$$

Equation (2.24) multipliée par ω_m donne :

$$J\omega_m \frac{d^2\delta_m}{dt^2} = T_m\omega_m - T_e\omega_m = P_a = P_m - P_e \quad (\text{W}) \tag{2.25}$$

où

P_a : Puissance d'accélération ;

P_m : Puissance mécanique fournie par la turbine ;

P_e : Puissance électrique fournie par le générateur plus les pertes électriques ;

$J\omega_m$: Couple angulaire du rotor.

À la vitesse synchrone, on peut mettre en évidence que $J\omega_m$ est la constante d'inertie de la machine, notée par M. Alors, l'équation (2.25) devient :

$$M\frac{d^2\delta_m}{dt^2} = P_a = P_m - P_e \tag{2.26}$$

La constante d'inertie, H, est définie par :

$$H = \frac{\frac{1}{2}J\omega_{msyn}^2}{S_{nom}} = \frac{\frac{1}{2}M\omega_{msyn}}{S_{nom}} \quad (\text{Joules/VA}) \tag{2.27}$$

où

$\frac{1}{2}J\omega_{msyn}^2$: Énergie cinétique à la vitesse synchrone.

S_{nom} : Puissance apparente nominale du générateur.

De (2.27), on obtient :

$$M = \frac{2H}{\omega_{msyn}}S_{nom} \qquad (2.28)$$

Si on remplace l'équation (2.28) dans (2.26), on obtient :

$$\frac{2H}{\omega_{msyn}}\frac{d^2\delta_m}{dt^2} = \frac{P_a}{S_{nom}} = \frac{P_m - P_e}{S_{nom}} \qquad (2.29)$$

Dans un générateur synchrone de P pôles, nous avons :

Angle interne machine :

$$\delta = \frac{P}{2}\delta_m \qquad (2.30)$$

Fréquence angulaire synchrone :

$$\omega = \frac{P}{2}\omega_{msyn} \qquad (2.31)$$

Si on déplace les équations (2.30) et (2.31) dans (2.29), on obtient :

$$\frac{2H}{\omega_{syn}}\frac{d^2\delta}{dt^2} = P_a = P_m - P_e \quad \text{(p.u)} \qquad (2.32)$$

L'équation (2.32) est une équation différentielle de deuxième ordre et décrit le mouvement du système. Cette équation est réécrite sous forme de deux équations du premier ordre qui, finalement, sont les équations différentielles à résoudre.

On obtient :

$$\frac{2H}{\omega_{syn}}\frac{d\omega}{dt^2} = P_m - P_e \quad \text{(p.u)} \qquad (2.33)$$

$$\frac{d\delta}{dt^2} = \omega - \omega_{syn} \quad \text{(p.u)} \qquad (2.43)$$

2.2.5. Équations électriques de la machine synchrone

Les équations de Park expriment le comportement dynamique de la machine synchrone et permet de transformer les enroulements triphasés de la machine en deux enroulements sur les axes direct et en quadrature. Le modèle de Park, dans ce cas, est de grande dimension et on essaye donc de le simplifier le plus possible. Les hypothèses suivantes, généralement adoptées dans l'étude du régime transitoire des machines synchrones seront faites [58, 74-77]:

- les f.e.m transformatrices de $P\psi_d$ et $P\psi_q$ sont également négligées devant la f. e. m de rotation (les variations du module du flux sont négligeables devant les variations dues à la rotation).
- Le régime sub-transitoire peut être négligé dans l'étude de stabilité transitoire. En conséquence, l'enroulement d'amortissement sur l'axe direct et ainsi que le second enroulement d'amortissement sur l'axe en quadrature seront négligés.

Ce qui permet d'aboutir aux équations suivantes pour le stator :
Les équations électriques (2.13) et (2.14) en valeurs réduites deviennent

$$V_d = -r_a I_d + \omega \psi_q \tag{2.44}$$

$$V_q = -r_a I_q - \omega \psi_d \tag{2.45}$$

Les équations de flux de stator et de rotor en valeurs réduites sont données par :

$$\omega \psi_d = -x_d I_d + x_{md} I_{fd} \tag{2.46}$$

$$\omega \psi_{fd} = -x_{md} I_d + x_{fd} I_{fd} \tag{2.47}$$

$$\omega \psi_q = -x_q I_q + x_{mq} I_{1q} \tag{2.48}$$

$$\omega \psi_{1q} = -x_{mq} I_q + x_{1q} I_{1q} \tag{2.49}$$

L'ensemble des équations (2.15), (2.17) et (2.44)-(2.49) permet d'étudier le régime transitoire électrique de la machine. Après la simplification, le modèle obtenu est appelé "modèle de la machine synchrone à deux axes ".

2.2.5.1. *Détermination des paramètres du circuit équivalent de la machine:*

Pour tenir compte des fuites dans les enroulements, on pose :

$$x_q = x_l + x_{mq}$$

$$x_{\ell fd} = x_{fd} - x_{md}$$

$$x_d = x_l - x_{md}$$

$$x_{\ell 1q} = x_{1q} - x_{mq}$$

On peut alors représenter le schéma équivalent de la machine synchrone sur les deux axes par la figure (2.4).

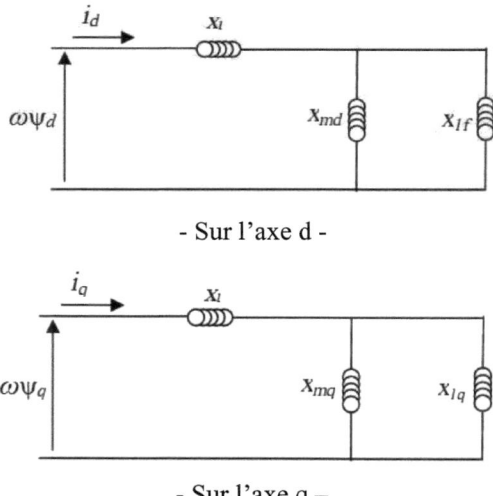

- Sur l'axe d -

- Sur l'axe q –

Figure 2.4. Représentation magnétique de la machine synchrone

A partir de ces deux schémas nous pouvons définir les paramètres suivants :
- les réactances transitoires directe et quadratique notées respectivement x'_d et x'_q.

$$x'_d = x_l + \frac{x_{md} x_{\ell fd}}{x_{fd}} = x'_d - \frac{x_{md}^2}{x_{fd}} \quad (2.50)$$

$$x'_q = x_l + \frac{x_{mq} x_{\ell 1q}}{x_{1q}} = x'_q - \frac{x_{mq}^2}{x_{1q}} \quad (2.51)$$

- la constante de temps transitoire d'axe d (respectivement d'axe q) lorsque les enroulements du stator sont ouverts T'_{do} et T'_{qo}.

$$T'_{do} = \frac{x_{fd}}{\omega r_{fd}} \quad (2.52)$$

$$T'_{qo} = \frac{x_{1q}}{\omega r_{1q}} \quad (2.53)$$

Afin de déterminer les équations de modèle de la machine, quelques changements de variables sont effectués. On pose :

$$E'_q = \omega \frac{x_{md}}{x_{fd}} \psi_{fd} \qquad (2.54)$$

$$E'_d = -\omega \frac{x_{mq}}{x_{1q}} \psi_{1q} \qquad (2.55)$$

$$E_{fd} = \omega \frac{x_{md}}{r_{fd}} v_{fd} \qquad (2.56)$$

E'_q : f.e.m transitoire d'axe direct proportionnelle au flux de l'enroulement d'excitation

E'_d : f.e.m transitoire d'axe quadratique proportionnelle au flux de l'enroulement d'amortisseur.

E_{fd} : tension d'excitation

2.2.5.2. *Expression de la tension terminale :*

Pour les composantes directe et quadratique, la résolution de (2,47) et (2,49) pour I_{fd} et I_{1q}, permet d'obtenir :

$$I_{fd} = \frac{\omega \psi_{fd}}{x_{fd}} + \frac{x_{md}}{x_{fd}} I_d \qquad (2,57)$$

$$I_{1q} = \frac{\omega \psi_{1q}}{x_{1q}} + \frac{x_{mq}}{x_{1q}} I_q \qquad (2,58)$$

En remplaçant Eqs. (2,57) et (2,58) en (2,46) et (2,48), nous avons :

$$V_d = -r_a I_d + x'_q I_q + E'_d \qquad (2.59)$$

$$V_q = -r_a I_q - x'_d I_d + E'_q \qquad (2.60)$$

La présentation vectorielle de la machine synchrone en régime transitoire est donnée par la figure (2.5). D'après cette figure, La tension terminale V de la machine s'écrit sous la forme suivante:

$$\overline{V} = \overline{V}_q + \overline{V}_d = \overline{E}' - r_a \overline{I} - jx'_q \overline{I}_q - jx'_d \overline{I}_d \qquad (2.61)$$

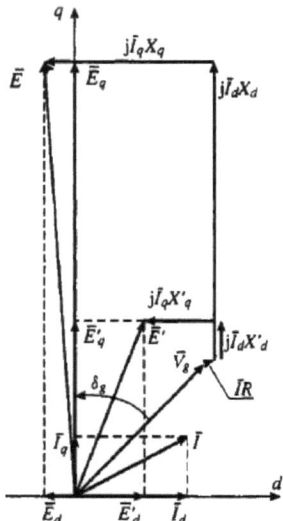

Figure 2.5. Diagramme vectoriel de la machine synchrone

2.2.5.3. Équations dynamique de la machine :

Considérons l'équation (2.15) relative aux variations du flux dans l'enroulement inducteur, avec substitution de l'équation (2,57). L'équation de la dynamique de E'_q s'écrit donc :

$$\frac{dE'_q}{dt} = \frac{1}{T'_{do}}(-E'_q - (x_d - x'_d)I_d + E_{fd}) \qquad (2.62)$$

L'équation régissant les variations du flux dans l'enroulement amortisseur est donnée par (2.17) en utilisant l'équation (2.58). L'équation relative à E'_d s'écrit donc :

$$\frac{dE'_d}{dt} = \frac{1}{T'_{qo}}(-E'_d - (x_q - x'_q)I_q) \qquad (2.63)$$

Le modèle à deux axes de la machine est donné par :
- les équations électriques (2.62) et (2.63)
- les équations mécaniques (2.33) et (2.43)

La puissance électrique développée par la machine est définie par :

$$P_{ei} = E'_{qi}I_{qi} + E'_{di}I_{di} + (x'_{qi} - x'_{di})I_{di}I_{qi} \qquad (2.64)$$

2.3. Modélisation des régulateurs de la machine

2.3.1. Régulateur de tension

Le système d'excitation est un système auxiliaire qui alimente les enroulements d'excitation de la machine synchrone afin que cette dernière puisse fournir le niveau de puissance demandé. En régime permanent, ce système fournit une tension et un courant continu mais il doit être capable également de faire varier rapidement la tension d'excitation en cas de perturbation sur le réseau. Les systèmes d'excitation sont équipés de contrôleurs, appelés habituellement régulateurs de tension (Automatic Voltage Regulator : AVR), figure (2.6). Ces derniers sont très importants pour l'équilibre de la puissance réactive qui sera fournie où absorbée selon les besoins des charges. En outre ces contrôleurs représentent un moyen très important pour assurer la stabilité transitoire du système de puissance. Le régulateur de tension agit sur le courant d'excitation de l'alternateur pour régler le flux magnétique dans la machine et "ramener" la tension de sortie de la machine aux valeurs souhaitées. Une caractéristique très importante d'un régulateur de tension est sa capacité à faire varier rapidement la tension d'excitation.

Le groupe IEEE Task Force présente périodiquement des recommandations pour la modélisation des éléments d'un système de puissance dont les systèmes d'excitation. Plusieurs modèles sont suggérés pour chaque type de système d'excitation [57]. Les systèmes d'excitation statiques étant les plus installés actuellement, nous avons donc choisi dans notre étude d'utiliser le modèle du système IEEE-ST1A, modèle le plus utilisé dans la littérature. Ce type de système d'excitation se caractérise par sa rapidité et sa sensibilité

La figure suivante montre le modèle du système d'excitation et de son régulateur de tension utilisé dans notre étude.

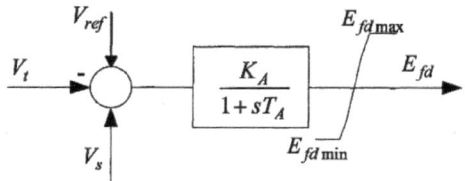

Figure 2.6. Modèle simplifié du système d'excitation
IEEE-type ST1A.

La grandeur $V_{réf}$, est la consigne de tension spécifiée pour satisfaire les conditions de l'état d'équilibre. Le régulateur de tension compare le signal V_t à la tension de consigne $V_{réf}$. Un signal complémentaire V_s peut être ajouté au nœud de sommation : il s'agit d'un signal issu de certains dispositifs spécifiques de commande comme les stabilisateurs de puissance (PSS). Ensuite, le signal d'erreur est amplifié pour donner la tension d'excitation demandée E_{fd}. La constante de temps et le gain de l'amplificateur sont respectivement T_A et K_A. Les valeurs extrémales de la tension d'excitation (E_{fdmax}, E_{fdmin}) sont fixées par un limiteur. La relation suivante décrit le fonctionnement dynamique du modèle

$$\dot{E}_{fd} = \frac{1}{T_A}(K_A(V_{réf} - V_t + V_s) - E_{fd}) \tag{2.65}$$

La relation entre la tension d'excitation E_{fd} et la tension interne du générateur E'_q est donnée par l'équation (2.62)

2.3.2. Stabilisateur de puissance (PSS)

Pour faire face aux problèmes d'oscillations et d'instabilité, des régulateurs (correcteurs) supplémentaires, appelés « PSS » sont ajoutés aux régulateurs de tension AVR. Ces correcteurs sont destinés à fournir un couple agissant contre les modes oscillatoires qui se manifestent sur les arbres des machines [75]. Les grandeurs des machines les plus sensibles aux oscillations sont souvent incorporées dans la boucle de régulation comme signal d'entrée : la vitesse du rotor, la puissance d'accélération, la puissance électrique ou la fréquence. La structure d'un PSS conventionnel est composée de trois blocs comme montré en figure (2.7). Le premier bloc est un bloc amplificateur de gain constant K_{pss}, Il détermine la valeur de l'amortissement introduit par le PSS. Le deuxième est le filtre passe-haut "filtre washout", avec une constante de temps T_w qui permet au signal associé aux oscillations dans la vitesse de rotor pour passer sans changement, et ne permet pas aux changements d'état d'équilibre de modifier les tensions terminales. Le dernier bloc, la compensation de phase, fournit la caractéristique avance de phase désirée pour compenser le retard de phase entre l'entrée d'AVR et le couple électrique de générateur (air-gap). Dans la pratique, des blocs deux ou plus de premier ordre peuvent être employés pour réaliser la compensation désirée de phase en ajustant les constantes $T_1, ..., T_4$.

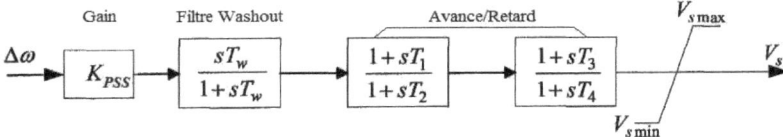

Figure 2.7. Modèle du stabilisateur de puissance PSS.

2.3.3. Régulateur de vitesse et model de la turbine

Le rôle du régulateur de vitesse (RV) est de mesurer la vitesse de rotation de la turbine et d'ajuster en conséquence l'admission de la vapeur (pour le cas d'une turbine à vapeur par exemple), en agissant sur les vannes et les soupapes. Lors d'une perturbation sévère, le rôle du régulateur est aussi la limitation de vitesse afin d'empêcher un dépassement de 10% ou aussi une diminution de 10% de la valeur nominale.

Le modèle de l'ensemble (régulateur / turbine) est représenté dans la figure suivante [58, 77] :

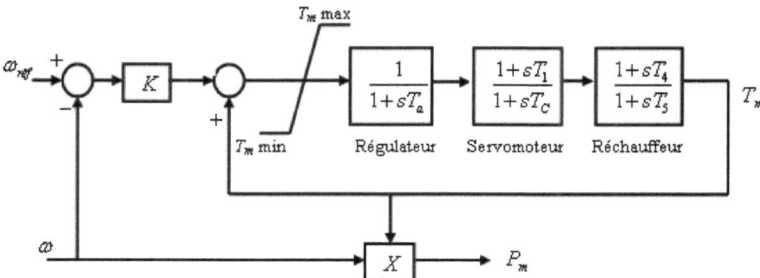

Figure 2.8. Modèle du régulateur de vitesse et de la turbine

2.4. Modélisation des réseaux de transport

2.4.1. Ligne de transmission

Une courte ligne de transmission est représentée par son impédance en série. Les moyennes et longues lignes sont représentées par un circuit π, figure (2.9). La résistance de la ligne de transmission est souvent négligée car elle est petite par rapport à sa réactance [58, 63].

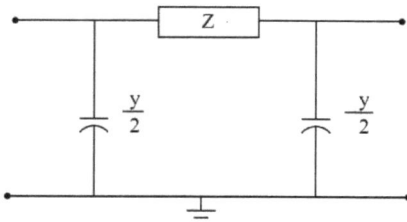

Figure 2.9. Modèle en π des lignes de transmission

2.4.2. Les transformateurs

Les transformateurs sont généralement placés entre les unités de production et le réseau de transport en fonctionnement élévateur, et entre le réseau de transport et les réseaux de distribution en fonctionnement abaisseur. Outre la transmission de l'énergie électrique avec modification des tensions, les transformateurs peuvent être utilisés pour contrôler les tensions de nœuds des réseaux. On utilise des transformateurs à prise variable (discontinue) qui permet de modifier le rapport de transformation. Le changement de prise peut être effectué manuellement ou automatiquement grâce à des dispositifs dits « régleurs en charge ». La figure (2.10) montre le schéma équivalent du transformateur idéal : il est doté de plusieurs prises (côté haute tension) permettant de modifier le nombre de spires du primaire. L'impédance Z_T correspond à l'impédance équivalente totale vue du primaire .et où m est le rapport de transformation défini par le rapport des nombres de spires du primaire et du secondaire.

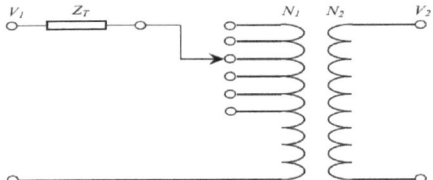

Figure 2.10. Représentation schématique d'un transformateur à prise variable

La figure (2.11) représente le schéma équivalent en π d'un transformateur à circuit magnétique sans pertes [58, 65]. Dans notre étude, les régleurs en charge ne sont pas modélisés : ainsi le rapport de transformation reste fixe pendant les simulations dynamiques.

On doit préciser aussi que s'il n'y a pas de prise alors a=1.

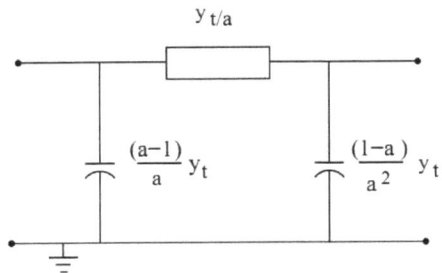

Figure 2.11. Modèle en π du transformateur

2.5. Modélisation des charges

Les caractéristiques des charges ont une influence importante sur la stabilité et la dynamique du système. En raison de la complexité et la variation continuelle des charges et de la difficulté d'obtenir des données précises sur leurs caractéristiques, une modélisation précise des charges est très difficile. Ainsi, des simplifications sont indispensables selon le but de l'étude demandée. Pour les études de stabilité dans lesquelles la gamme de temps considérée est de l'ordre de 10 secondes après la perturbation, les modèles de charges les plus utilisés sont généralement des modèles statiques. Le caractère statique est lié à la description de la charge par des équations purement algébriques [75, 77].

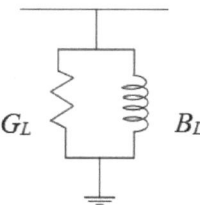

Figure 2.12. Modélisation d'une charge par son admittance équivalente.

En effet, on peut écrire pour un nœud de tension connectée par une charge consommant une puissance $S_L = P_L + jQ_L$. Cette charge peut être représentée par des admittances statiques $G_L = P_L/V_L^2$ et $B_L = -Q_L/V_L^2$

Les charges statiques sont représentées par des admittances constantes, qu'on peut déterminer après calcul de l'écoulement de puissance.

$$Y_L = P_L/V_L^2 - j Q_L/V_L^2 \tag{2.66}$$

2.6. Equations du réseau multi-machines

Afin d'étudier la stabilité transitoire d'un réseau multi-machines et d'après le modèle de Park (2-axes), il faut avoir les composantes d-q de chacun des générateurs. A partir de ces informations, on peut calculer les composantes directes et en quadrature en se basant sur ces coordonnées de référence communes, par conséquent, nous avons besoin d'une transformation entre les coordonnées de référence communes et les coordonnées de chaque générateur. Pour cela, il faut exprimer les axes de coordonnées *d-q* (pour chacun des générateurs) dans un système de coordonnées communes *D-Q* (figure 2.13) [74, 75, 77].

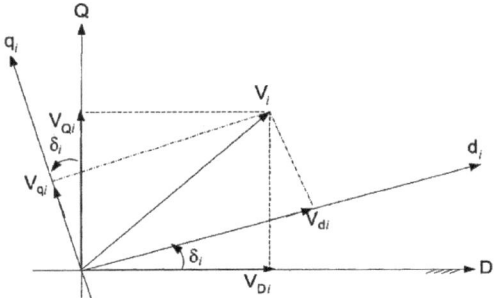

Figure 2.13. Transformation des coordonnées du réseau
et celles du i-ème générateur

L'établissement d'un modèle généralisé du réseau de transport et des charges implique de déterminer les équations algébriques représentant les interconnexions entre les circuits des générateurs et l'ensemble des transformateurs, des lignes de transmission et des charges du système. Le réseau électrique peut être décrit par des équations reliant les courants injectés aux nœuds et les tensions aux bornes à travers la matrice d'admittance du réseau sous la forme matricielle suivante :

$$\overline{I} = \overline{Y}\,\overline{V} \tag{2.67}$$

Avec :

$\overline{I}$: Vecteur du courant dans les coordonnées communes.

$\overline{V}$: Vecteur de la tension de sortie des coordonnées communes.

$\overline{Y}$: Matrice des admittances du réseau.

La taille du réseau électrique peut être réduite, en effet on peut éliminer tous les nœuds où il n'y a pas d'injection de courant sauf les nœuds internes des générateurs par la méthode de Kron. L'équation (2.67) s'écrit alors comme

$$\begin{bmatrix} \overline{I}_n \\ \cdots \\ 0 \end{bmatrix} = \begin{bmatrix} \overline{Y}_{nn} & \vdots & \overline{Y}_{nr} \\ \cdots & \cdots & \cdots \\ \overline{Y}_{rn} & \vdots & \overline{Y}_{rr} \end{bmatrix} \cdot \begin{bmatrix} \overline{V}_n \\ \cdots \\ \overline{V}_r \end{bmatrix} \tag{2.68}$$

n : indice des nœuds internes des générateurs.

r : indice des nœuds restants.

m : indice de tous les nœuds du réseau.

Le développement de l'équation (2.68) donne :

$$\overline{I}_n = \overline{Y}_{nn}\overline{V}_n + \overline{Y}_{nr}\overline{V}_r$$
$$0 = \overline{Y}_{rn}\overline{V}_n + \overline{Y}_{rr}\overline{V}_r \tag{2.69}$$

Ce système d'équations peut être reformulé comme suit :

$$\overline{I}_n = (\overline{Y}_{nn} - \overline{Y}_{nr}\overline{Y}_{rr}^{-1}\overline{Y}_{rn})\overline{V}_n \tag{2.70}$$

$$\overline{Y}_r = \overline{Y}_{nn} - \overline{Y}_{nr}\overline{Y}_{rr}^{-1}\overline{Y}_{rn} \tag{2.71}$$

$\overline{Y}_r$: est la matrice d'admittance réduite du réseau électrique de dimension (n x n) où n est le nombre de générateurs du réseau.

On peut également écrire la relation ($I=Y.V$) en fonction des tensions transitoires des machines en incluant dans la matrice Y les réactances transitoires. Nous avons alors l'expression suivante qui lie les courants injectés aux nœuds producteurs aux tensions transitoires des machines :

$$\overline{I} = \overline{Y}_r.\overline{E}' \tag{2.72}$$

$\overline{E}'$: Vecteur de la tension transitoire du générateur.

D'autre part, d'après le diagramme figure (2.12), nous avons pour la i-ème générateur :

$$\hat{I}_i = \overline{I}_i e^{j\delta_i} \qquad \hat{E}'_i = \overline{E'_i}e^{j\delta_i} \qquad \text{pour } i=1,2,...n$$

$\hat{I}$: Vecteur du courant dans les coordonnées de chaque générateur.

$\hat{V}$: Vecteur de la tension de sortie les coordonnées de chaque générateur.

$\hat{E}'$: Vecteur de la f.e.m transitoire du générateur dans les coordonnées de chaque générateur.

En utilisant la même approche pour tous les paramètres du réseau, nous aurons :

$$[\hat{I}] = [e^{j\delta}].[\overline{I}] \qquad [\hat{E}'] = [e^{j\delta}].[\overline{E}'] \tag{2.73}$$

En appliquent les équations (2.72) et (2.73) on peut écrire :

$$[\hat{I}] = [e^{j\delta}].[\overline{Y}].[e^{-j\delta}].[\overline{E}'] \tag{2.74}$$

Nous obtenons les expressions du courant de la i^{ème} machine suivant l'axe direct et celui en quadrature :

$$I_{di} = G_{ii}E'_{di} + \sum_{i \neq k, k=1}^{n} F_{G+B}(\delta_{ik})E'_{dk} - B_{ii}E'_{qi} - \sum_{i \neq k, k=1}^{n} F_{G-B}(\delta_{ik})E'_{qk} \qquad (2.75)$$

$$I_{qi} = B_{ii}E'_{di} + \sum_{i \neq k, k=1}^{n} F_{G-B}(\delta_{ik})E'_{dk} + G_{ii}E'_{qi} + \sum_{i \neq k, k=1}^{n} F_{G+B}(\delta_{ik})E'_{qk} \qquad (2.76)$$

Avec :

$F_{G+B}(\delta_{ik}) = G_{ik}\cos\delta_{ik} + B_{ik}\sin\delta_{ik}$

$F_{G-B}(\delta_{ik}) = B_{ik}\cos\delta_{ik} - G_{ik}\sin\delta_{ik}$

$\delta_{ik} = \delta_i - \delta_k$

G_{ik} : partie réelle de Y

B_{ik} : partie imaginaire de Y

2.7. Modèle d'équation d'état d'un système de puissance

Comme présenté précédemment, un système de puissance est un système dynamique non-linéaire, qui peut être décrit par un ensemble d'équations différentielles ordinaires non-linéaires couplées du premier ordre et un ensemble d'équations algébriques, où les formes générales de ces ensembles d'équations différentielles et algébriques peuvent être exprimées comme suit :

$\dot{x} = f(x, y, u)$

$0 = g(x, y)$

Les équations différentielles correspondent aux fonctionnements dynamiques des générateurs, des systèmes d'excitation et des autres éléments du système. Les équations algébriques correspondent aux équations des réseaux de transport et des stators des générateurs. La solution de ces deux groupes d'équations détermine l'état électromécanique du système à chaque instant.

Nous rappelons ci-dessous les équations décrivant le modèle déduit du système de puissance :

$$\frac{2H_i}{\omega_{syn}}\frac{d\omega_i}{dt^2} = P_{mi} - P_{ei} \qquad (2.77)$$

$$\frac{d\delta_i}{dt^2} = \omega_i - \omega_{syn} \qquad (2.78)$$

$$\frac{dE'_{qi}}{dt} = \frac{1}{T'_{doi}}(-E'_{qi} - (x_{di} - x'_{di})I_{di} + E_{fdi}) \tag{2.79}$$

$$\frac{dE'_{di}}{dt} = \frac{1}{T'_{qoi}}(-E'_{di} - (x_{qi} - x'_{qi})I_{qi}) \tag{2.80}$$

$$\dot{E}_{fd} = \frac{1}{T_A}(K_A(V_{ref} - V_t + U) - E_{fd}) \tag{2.81}$$

$$P_{ei} = E'_{qi}I_{qi} + E'_{di}I_{di} + (x'_{qi} - x'_{di})I_{di}I_{qi} \tag{2.82}$$

$$I_{di} = G_{ii}E'_{di} - B_{ii}E'_{qi} + \sum_{i \neq k, k=1}^{n}\left\{(G_{ik}\cos\delta_{ik} + B_{ik}\sin\delta_{ik})E'_{dk} - (B_{ik}\cos\delta_{ik} - G_{ik}\sin\delta_{ik})E'_{qk}\right\} \tag{2.83}$$

$$I_{qi} = B_{ii}E'_{di} + G_{ii}E'_{qi} + \sum_{i \neq k, k=1}^{n}\left\{(B_{ik}\cos\delta_{ik} - G_{ik}\sin\delta_{ik})E'_{dk} + (G_{ik}\cos\delta_{ik} + B_{ik}\sin\delta_{ik})E'_{qk}\right\} \tag{2.84}$$

$$V_{di} = E'_{di} - x'_{qi}I_{qi} - r_{ai}I_{di} \tag{2.85}$$

$$V_{qi} = E'_{qi} - x'_{di}I_{di} - r_{ai}I_{qi} \tag{2.86}$$

$$V_i = \sqrt{V_{di}^2 + V_{qi}^2} \tag{2.87}$$

La figure (2.14) représente les éléments du modèle du système de puissance avec leurs interactions.

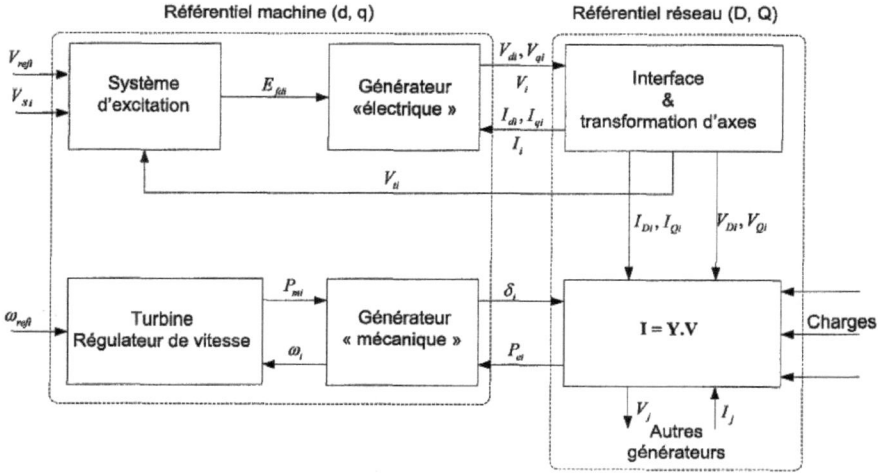

Figure 2.14. Diagramme conceptuel de la modélisation des réseaux électriques

2.8. Conclusion

Dans ce chapitre, nous avons présenté la modélisation d'un réseau d'énergie électrique pour les études de la stabilité transitoire (aux grandes perturbations), dans un premier temps décrit les différentes parties constituantes d'un réseau, et présenté les équations mathématiques qui permettent de les modéliser. Nous avons aussi présenté un modèle d'un réseau multi-machines basé sur le modèle à deux axes de la machine synchrone. Ce modèle permet de décrire le réseau électrique par l'ensemble des équations dynamiques de tous les générateurs et l'équation algébrique de leur l'interconnections. Il intègre toutes les interactions dynamiques entre les générateurs.

Chapitre 3

Conception d'un Stabilisateur Intelligent : Indirect Adaptatif Flou de Mode Glissant

Chapitre 3	Conception d'un Stabilisateur Intelligent : Indirect Adaptatif Flou de Mode Glissant

3.1. Introduction

La plupart des systèmes physiques sont non linéaires et complexes, et ne peuvent être facilement modélisés mathématiquement. D'autre part, le traitement mathématique des systèmes non linéaires n'est pas très commode dans la théorie de la commande moderne. Il est possible par exemple, qu'un système non linéaire soit linéarisé autour de points de fonctionnement tel que la théorie de commande linéaire bien développée puisse être appliqué dans la région locale avec grande facilité [78, 79]. Les méthodes linéaires conventionnelles sont satisfaisantes mais pour des plages de fonctionnement restreintes. Dès que le système sort du domaine de fonctionnement, le contrôleur linéaire n'est plus valable et ne garantit plus la stabilité du système, d'où l'intérêt d'étudier plus profondément les méthodes de commande non linéaire. La linéarisation entrée-sortie a été très utilisée en commande des systèmes non linéaires pour trouver une relation directe entre la sortie du système et son entrée afin de mettre œuvre une loi de commande [80-82]. Néanmoins, la complexité et la présence de fortes non linéarités, dans certains cas, ne permettent pas d'avoir une compensation exacte de ces non linéarités et ainsi obtenir les performances désirées. Cette commande par linéarisation exact est sensible aux variations paramétriques, et ne peut être utilisée que pour des systèmes non linéaires dont les modèles dynamiques sont parfaitement connus. De plus, la connaissance du modèle est indispensable ce qui est généralement pas réalisable.

Cependant, la nécessité d'atteindre d'assez bonnes performances dans des domaines de fonctionnement relativement important, impose la prise en compte de la dynamique globale non linéaire des processus dans la synthèse de la commande. Pour contourner ce problème, l'approximation du modèle ou de la loi de commande peut être une alternative. Dans ce contexte, plusieurs commandes adaptatives pour des systèmes non linéaires dans la commande ont été présentées dans la littérature où l'approximation est assurée soit par un système flou, soit par un réseau de neurones [83-89].

De ce fait, deux méthodologies ont été utilisées, la méthode directe et la méthode indirecte. Dans la méthode indirecte, les approximateurs sont employés pour estimer la dynamique inconnue du système non linéaire à commander alors que dans la méthode directe, ils sont utilisés pour complètement approximer la loi de commande complète. Cependant, dans ce dernier type le gain de commande du système doit être constant et sa dérivée par rapport au temps doit satisfaire certaines contraintes. Cependant, la poursuite avec la plupart de ces méthodes ne peut pas être garantie en présence de perturbation externes ou des variations structurelles élevées. D'où, la nécessitée de prendre en compte dans notre commande la notion de robustesse.

La commande par mode glissant (CMG), en raison de sa robustesse vis-à-vis des incertitudes et des perturbations externes, peut être appliquée aux systèmes non linéaires incertains et perturbés [80, 90, 91]. A l'instar de la commande adaptive floue et en se basant sur les travaux relatifs à cette technique, nous développons dans ce chapitre la mise en œuvre d'une commande adaptative floue par mode glissant pour un système de puissance. La commande par mode glissant est combinée avec la commande adaptative où la dynamique des systèmes de puissance est approximée à l'aide des systèmes flous. La stabilité du système en boucle fermée est assurée par la synthèse de Lyapunov au sens que tous les signaux soient bornés et les paramètres du contrôleur ajustés par des lois d'adaptation.

3.2. Formulation de problème

3.2.1. Model dynamique de système de puissance

Afin de concevoir le contrôleur de système de puissance proposé en cet thèse [92, 93], le modèle dynamique de générateur peut être exprimé sous une forme canonique donnée selon [80], en utilisant la variation de vitesse (x_1) et la puissance d'accélération (x_2) employés comme variables d'état pouvant être mesurées. Le modèle du système de machine synchrone peut être représenté mathématiquement sous la forme d'équations non linéaires d'espace l'état suivant:

Chapitre 3   Conception d'un Stabilisateur Intelligent : Indirect Adaptatif Flou de Mode Glissant

$$\Delta \dot{\omega}_i = \frac{1}{2H} \Delta P_i$$
$$\frac{1}{2H_i} \Delta \dot{P}_i = f_i(\Delta \omega_i, \Delta P_i) + g_i(\Delta \omega_i, \Delta P_i) u_i \qquad (3.1)$$
$$y_i = \Delta \omega_i$$

Où : $x_{1i} = \Delta \omega_i = (\omega_i - \omega_0)$, $x_{2i} = \Delta P_i = (P_{mi} - P_{ei})$, $a = \frac{1}{2H_i}$ et H_i est un paramètre constant de la machine appelé la constant d'inertie par unité, $\underline{x}_i = [x_{1i}, x_{2i}]^T \in R^2$ est le vecteur d'état du système et peut être mesuré. $f_i(x_{1i}, x_{2i})$ et $g_i(x_{1i}, x_{2i})$ sont des fonctions non linéaires, u_i est le signal de commande qui est la sortie du stabilisateur, L'équation (3.1) représente la machine durant le régime transitoire après une grande perturbation produite dans le système. Il est supposé que les deux fonctions non linéaires $f_i(x_{1i}, x_{2i})$ et $g_i(x_{1i}, x_{2i})$ peuvent être trouvées telles que [33, 37, 92-94] :

$$\dot{P}_{ei} = -2H_i \left[f_i(x_{1i}, x_{2i}) + g_i(x_{1i}, x_{2i}) u_i \right] \qquad (3.2)$$

Cette équation est basée sur le fait que la constante du temps de la partie mécanique est grande comparée aux constantes du temps de la machine synchrone et son système d'excitation, de sorte que pendant les premières secondes après l'occurrence de la perturbation, l'action de la turbine peut être ignorée. La puissance mécanique d'entrée est donc constante durant le régime transitoire durant au moins cinq secondes après l'occurrence de la perturbation.

Les études de simulation montrent qu'une commande u_i positive cause un changement positif de P_{ei}, c'est-à-dire $\dot{P}_{ei} > 0$ quand $u_i > 0$ [16.17]. Ceci signifie que g peut être choisie comme une fonction négative:

$$g_i(x_{1i}, x_{2i}) < 0 \quad \text{Pour tous } x_{1i}, x_{2i} \qquad (3.3)$$

En termes génériques, l'équation (3.1) pour le $i^{ème}$ générateur est

$$\dot{x}_1 = a x_2$$
$$a \dot{x}_2 = f(x_1, x_2) + g(x_1, x_2) u \qquad (3.4)$$
$$y = x_1$$

Dans cette section, on utilise d'abord, les objectifs de la commande pour monter d'une façon constructive, comment développer des contrôleurs adaptatifs basés sur les systèmes flous pour réaliser ces objectifs.

3.2.2. Objectif de commande

L'objective de commande est de forcer la sortie y à suivre un signal de référence borné y_m, tel que tous les signaux impliqués soient bornés. Il s'agit de déterminer la commande par retour d'état $u = u(x \mid \theta)$ et une loi d'adaptation pour ajuster le vecteur de paramètres tels que les conditions suivantes soient satisfaites [95] :

i) le système en boucle fermée doit être globalement stable (les signaux impliqués soient bornés) dans le sens que toutes les variables $x(t)$, $\theta(t)$ et $u = u(x \mid \theta)$ doivent être uniformément bornées, c'est-à-dire $|x(t)| \leq M_x \leq \infty, |\theta(t)| \leq M_\theta \leq \infty$ pour $t \geq 0$ ou M_x, M_θ et M_u sont des paramètres de conception spécifiés par le concepteur.

ii) L'erreur de poursuite $e = y - y_m$ devant être la plus petite possible sous les contraintes définies dans (i).

On commence par définir $\underline{e} = [e, \dot{e}]^T$ et $\underline{k} = [k_2, k_1]^T \in R^2$ tel que les racines du polynôme $h(s) = s^2 + k_1 s + k_2$, se trouvent dans le demi-plan gauche.

Si f et g sont des fonctions connues, la loi de commande est :

$$u^* = \frac{1}{g(\underline{x},t)}\left[-f(\underline{x},t) + \ddot{y}_m - \underline{k}^T \underline{e}\right] \quad (3.5)$$

Appliquée à l'équation (3.4), en utilisant u^* au lieu de u, résulte en :

$$\ddot{e} + k_1 \dot{e} + k_2 e = 0 \quad (3.6)$$

Ce qui implique que $\lim_{t \to \infty} e(t) = 0$ ce qui est l'objectif principal de commande. Cependant, les paramètres des fonctions f et g de système de puissance non-linéaire ne sont pas bien connus et imprécis; donc il est difficile de mettre en application la loi de commande (3.5) pour un modèle du système non-linéaire inconnu. L'objectif est de concevoir deux systèmes flous pour approximer les fonctions f et g respectivement, étape expliquée dans la section suivante. Dans le reste de cette section, on présente l'idée de base pour la construction d'un stabilisateur indirect adaptatif flou.

3.3. Conception d'un stabilisateur indirect adaptatif flou d'un système de puissance

Dans cette section, nous proposons d'approximer les fonctions du système de puissance dans la commande u^* de (3.5) par un système flou du type TS adapté en ligne. Les paramètres du contrôleur adaptatif flou sont changés selon des lois dérivées en utilisant la synthèse par Lyapunov. La stabilité asymptotique est établie telle que l'erreur de poursuite converge vers de l'origine [33, 37].

3.3.1. Systèmes logiques flous :

La configuration de base du système flou considéré dans cette étude [95] consiste en une collection de règles floues IF-THEN (Si-Alors) :

$$R(l): IF\ x_1\ is\ F_1^l\ and\ ...and\ x_n\ is\ F_n^l\ THEN\ y\ is\ G^l \tag{3.7}$$

Le system flou exécute une représentation de $U = U_1 \times ... \times U_n \subseteq R^n$ à R, ou $\underline{x} = (x_1,........,x_n)^T \in U$ et $y \in R$ sont les entrées et la sortie du system flou respectivement, F_i^l et G^l sont les ensembles flous U_i et R_i respectivement. i=1, 2,...,n, l=1,2,...,M est le nombre des règles floues. En utilisant une fuzzification par singleton, le produit d'inférence et une défuzzification par le centre de gravité, la sotie du system flou est représentée de la forme :

$$y(\underline{x}) = \frac{\sum_{l=1}^{M} \theta_l \left(\prod_{i=1}^{n} \mu_{F_i^l}(x_i) \right)}{\sum_{l=1}^{M} \left(\prod_{i=1}^{n} \mu_{F_i^l}(x_i) \right)} \tag{3.8}$$

Ou $\mu_{F_i^l}(x_i)$ est la fonction d'appartenance de x_i dans F_i^l, θ_l est le centre de gravité la fonction d'appartenance de la sortie pour $l^{ème}$ règle, Eq. (3.8) peut être réécrit sous la forme suivante :

$$y(\underline{x}) = \sum_{l=1}^{M} \theta_l \xi_l(\underline{x}) = \underline{\theta}^T \underline{\xi}(\underline{x}) \tag{3.9}$$

où $\underline{\theta}_l = [\underline{\theta}_1...\underline{\theta}_M]^T$ est un vecteur de paramètres, $\underline{\xi}(\underline{x}) = [\xi_1(\underline{x})...\xi_M(\underline{x})]^T$ est un vecteur régressif avec le régresseur, $\xi_i(x)$ est appelé aussi fonction de base floue définie par :

$$\xi_l(\underline{x}) = \frac{\prod_{i=1}^{n}\mu_{F_i^l}(x_i)}{\sum_{l=1}^{M}\left(\prod_{i=1}^{n}\mu_{F_i^l}(x_i)\right)} \tag{3.10}$$

On peut utiliser la forme (3.9) pour la conception d'un contrôleur adaptatif flou, cette relation est un avantage certain. La fonction $y(\underline{x})$ est non linéaire par rapport à $\underline{x}$, mais elle possède un caractère de linéarité par rapport aux paramètres θ. En conséquence le contrôleur adaptatif flou basé sur cette relation sera relativement facile à concevoir et à analyser.

3.3.2. Conception d'un contrôleur indirect adaptatif flou

Si f et g sont des fonctions inconnues, elles sont approximées par des systèmes flous $\hat{f}(\underline{x}|\underline{\theta}_f)$ et $\hat{g}(\underline{x}|\underline{\theta}_g)$ avec les vecteur des paramètres $\underline{\theta}_f$ et $\underline{\theta}_g$ respectivement, qui sont de la forme (3.9). Donc, la loi de commande devient :

$$u_c = \frac{1}{\hat{g}(\underline{x}|\underline{\theta}_g)}\left[-\hat{f}(\underline{x}|\underline{\theta}_f) + \ddot{y}_m - \underline{k}^T\underline{e}\right] \tag{3.11}$$

$$\hat{f}(\underline{x}|\underline{\theta}_f) = \underline{\theta}_f^T \underline{\xi}(\underline{x}) \tag{3.12}$$

$$\hat{g}(\underline{x}|\underline{\theta}_g) = \underline{\theta}_g^T \underline{\xi}(\underline{x}) \tag{3.13}$$

En ajoutant $\hat{g}(\underline{x}|\underline{\theta}_g)u_c$ aux deux côtés de (3.4), et l'utilisation de (3.11), donc :

$$\ddot{e} = -\underline{k}^T\underline{e} + [f(\underline{x},t) - \hat{f}(\underline{x}|\underline{\theta}_f)] + [g(\underline{x},t) - \hat{g}(\underline{x}|\underline{\theta}_g)]u_c \tag{3.14}$$

Vu que $\underline{e} = [e, \dot{e}]^T$, (3.14) peut être réécrit comme :

$$\dot{\underline{e}} = -A_c\underline{e} + \underline{b}_c\left([f(\underline{x},t) - \hat{f}(\underline{x}|\underline{\theta}_f)] + [g(\underline{x},t) - \hat{g}(\underline{x}|\underline{\theta}_f)]u_c\right) \tag{3.15}$$

où :

$$A_c = \begin{bmatrix} 0 & 1 \\ -k_2 & -k_1 \end{bmatrix}, \; b_c = \begin{bmatrix} 0 \\ 1 \end{bmatrix} \tag{3.16}$$

Vu que A_c est une matrice stable ($|sI - A_c| = s^2 + k_1 s + k_2$ est hurwitz), il existe donc une matrice (2×2) symétrique définie positive P qui satisfait l'équation de Lyapunov [80], tel que :

$$A_c^T P + P A_c = -Q \tag{3.17}$$

Où Q est une matrice (2×2) arbitraire définie positive.

Chapitre 3   Conception d'un Stabilisateur Intelligent : Indirect Adaptatif Flou de Mode Glissant

La prochaine tâche est de remplacer $\hat{f}$ et $\hat{g}$ par des systèmes flous de la forme (3.12) et (3.13) et de développer une loi d'adaptation pour ajuster les paramètres $\underline{\theta}_f$ et $\underline{\theta}_g$ dans le but de forcer l'erreur de poursuite à converger vers zéro.

Définissant les vecteurs de paramètres optimaux suivants :

$$\underline{\theta}_f^* = \arg\min_{\theta_f \in \Omega_f} \left[\sup_{\underline{x} \in U_c} \left| \hat{f}(\underline{x}|\underline{\theta}_f) - f(\underline{x},t) \right| \right] \quad (3.18)$$

$$\underline{\theta}_g^* = \arg\min_{\theta_g \in \Omega_g} \left[\sup_{\underline{x} \in U_c} \left| \hat{g}(\underline{x}|\underline{\theta}_g) - g(\underline{x},t) \right| \right] \quad (3.19)$$

Où Ω_f et Ω_g sont les ensembles de contraintes pour $\underline{\theta}_f$ et $\underline{\theta}_g$, respectivement, spécifiés par le concepteur. Pour rendre les vecteurs des paramètres bornées, l'ensemble des contraintes Ω_f et Ω_g sont ainsi définies :

$$\Omega_f = \left\{ \theta_f : \|\theta_f\| \le M_f \right\} \quad (3.20)$$

$$\Omega_g = \left\{ \theta_g : \|\theta_g\| \le M_g, \theta_{gl} \le -\varepsilon \right\} \quad (3.21)$$

M_f, M_g et ε sont des constantes positives spécifiées par le concepteur, telles que M_f et M_g sont les limites supérieures de $\|\theta_f\|$ et $\|\theta_g\|$ respectivement, et la limite inférieure en valeur absolue du vecteur de paramètre θ_g déterminé par ε.

On défini l'erreur d'approximation minimale comme suit:

$$w = (\hat{f}(\underline{x}|\underline{\theta}_f^*) - f(\underline{x},t)) + (\hat{g}(\underline{x}|\underline{\theta}_g^*) - g(\underline{x},t))u_c \quad (3.22)$$

Alors, l'équation de l'erreur (3.15) peut être récrite comme :

$$\underline{\dot{e}} = A_c \underline{e} + \underline{b}_c \left[(\hat{f}(\underline{x}|\underline{\theta}_f) - \hat{f}(\underline{x}|\underline{\theta}_f^*)) + (\hat{g}(\underline{x}|\underline{\theta}_g) - \hat{g}(\underline{x}|\underline{\theta}_g^*))u_c + w \right] \quad (3.23)$$

Si on choisit $\hat{f}$ et $\hat{g}$ de la forme (3.12) ou (3.13), alors (3.23) peut être réécrit comme suit :

$$\underline{\dot{e}} = A_c \underline{e} + \underline{b}_c w + \left[\underline{\phi}_f^T \xi(\underline{x}) + \underline{\phi}_g^T \xi(\underline{x}) u_c \right] \quad (3.24)$$

Où $\underline{\phi}_f = \underline{\theta}_f - \underline{\theta}_f^*$, $\underline{\phi}_g = \underline{\theta}_g - \underline{\theta}_g^*$, et $\xi(\underline{x})$ étant la fonction de base floue.

Considérons maintenant la fonction candidate de Lyapunov

$$V = \frac{1}{2} \underline{e}^T P \underline{e} + \frac{1}{2\gamma_1} \underline{\phi}_f^T \underline{\phi}_f + \frac{1}{2\gamma_2} \underline{\phi}_g^T \underline{\phi}_g \quad (3.25)$$

Chapitre 3   Conception d'un Stabilisateur Intelligent : Indirect Adaptatif Flou de Mode Glissant

Où γ_1 et γ_2 sont des constantes positives.

La dérivée de V par rapport au temps est donnée par :

$$\dot{V} = -\frac{1}{2}\underline{e}^T Q \underline{e} + \underline{e}^T P \underline{b}_c w + \frac{1}{\gamma_1}\underline{\phi}_f^T\left[\underline{\dot{\theta}}_f + \gamma_1 \underline{e}^T P \underline{b}_c \xi(\underline{x})\right] \\ + \frac{1}{\gamma_2}\underline{\phi}_g^T\left[\underline{\dot{\theta}}_g + \gamma_2 \underline{e}^T P \underline{b}_c \xi(\underline{x}) u_c\right] \tag{3.26}$$

Si on choisit alors les lois d'adaptation comme :

$$\underline{\dot{\theta}}_f = -\gamma_1 \underline{e}^T P \underline{b}_c \xi(\underline{x}) \tag{3.27}$$

$$\underline{\dot{\theta}}_g = -\gamma_2 \underline{e}^T P \underline{b}_c \xi(\underline{x}) u_c \tag{3.28}$$

Donc à partir de (3.26) on aura :

$$\dot{V} \leq -\frac{1}{2}\underline{e}^T Q \underline{e} + \underline{e}^T P \underline{b}_c w \tag{3.29}$$

C'est le meilleur que nous pouvons réaliser, parce que le terme $\underline{e}^T P \underline{b}_c w$ est du même ordre que w (erreur d'approximation minimum).

Pour compléter la preuve et établir la convergence asymptotique de la trajectoire, nous avons besoin de montrer que $|\underline{e}(t)| \to 0$ quant $t \to \infty$. L'équation (3.29) peut être simplifiée comme:

$$\begin{aligned}\dot{V} &\leq -\frac{1}{2}\underline{e}^T Q \underline{e} + \underline{e}^T P \underline{b}_c w \\ &\leq -\frac{\lambda_{Q\min}-1}{2}|\underline{e}|^2 - \frac{1}{2}\left[|\underline{e}|^2 - \underline{e}^T P \underline{b}_c w + |P\underline{b}_c w|^2\right] + \frac{1}{2}|P\underline{b}_c w|^2 \\ &\leq -\frac{\lambda_{Q\min}-1}{2}|\underline{e}|^2 + \frac{1}{2}|P\underline{b}_c w|^2\end{aligned} \tag{3.30}$$

Où $\lambda_{Q\min}$ et la valeur propre minimale de Q.

Par intégration des deux côtés de (3.30) et en supposant que $\lambda_{Q\min} > 1$, après quelques simples manipulations, nous pouvons obtenir:

$$\int_0^t |\underline{e}(\tau)|^2 d\tau \leq \frac{2}{\lambda_{Q\min}-1}\left[|V(0)| + |V(t)|\right] + \frac{1}{\lambda_{Q\min}-1}|P\underline{b}_c|^2 \int_0^t |w(\tau)|^2 d\tau \tag{3.31}$$

En définissant

$$a = \frac{2}{\lambda_{Q\min}-1}\left[|V(0)| + |V(t)|\right] \tag{3.32}$$

$$b = \frac{1}{\lambda_{Q\min}-1}|P\underline{b}_c|^2 \tag{3.33}$$

Où a et b sont des constantes, l'équation (3.31) peut être réécrite comme :

$$\int_0^t |\underline{e}(\tau)|^2 d\tau \leq a + b\int_0^t |w(\tau)|^2 d\tau \tag{3.34}$$

Si $|w(\tau)|^2$ est intégrable, c'est-à-dire $\int_0^t |w(\tau)|^2 d\tau < \infty$, et $w \in L_2$. A partir de (3.34) nous avons $e \in L_2$. chaque terme de (3.23) est borné donc $\dot{e} \in L_\infty$, par conséquent par utilisation du lemme de Barbalât [80], si $e \in L_2 \cap L_\infty$ et $\dot{e} \in L_\infty$, nous avons également $\lim_{t\to\infty}|e(t)| = 0$, donc le système est stable et l'erreur converge asymptotiquement vers zéro.

Il est clair que les lois d'adaptations (3.27), (3.28) ne peuvent pas garantir que $\theta_f \in \Omega_f$ et $\theta_g \in \Omega_g$, pour résoudre ce problème, on utilise l'algorithme de la projection des paramètres [84, 95].

Si les vecteurs paramètre $\underline{\theta}_f$ et $\underline{\theta}_g$ sont dans les ensembles de contraintes ou sont sur les limites mais se déplacent vers l'intérieur de ces ensembles alors on utilise les lois d'adaptations simples de (3.27) et (3.28), et inversement, s'ils sont sur les limites et se déplacent vers l'extérieur des ensembles alors on utilise l'algorithme de projections pour modifier les lois d'adaptation (3.28) et (3.29) de telle façon que les vecteurs restent à l'intérieur des ensembles.

$$\dot{\underline{\theta}}_f = -\gamma_1 \underline{e}^T P\underline{b}_c \xi(\underline{x}) + \gamma_1 \underline{e}^T P\underline{b}_c \frac{\theta_f \theta_f^T \xi(\underline{x})}{|\underline{\theta}_f|^2} \tag{3.35}$$

$$\dot{\underline{\theta}}_g = -\gamma_2 \underline{e}^T P\underline{b}_c \xi(\underline{x}) u_c + \gamma_2 \underline{e}^T P\underline{b}_c \frac{\theta_g \theta_g^T \xi(\underline{x})}{|\underline{\theta}_g|^2} \tag{3.36}$$

Le schéma bloc de stabilisateur indirect adaptatif flou est donné par la figure (3.1).

Chapitre 3   Conception d'un Stabilisateur Intelligent : Indirect Adaptatif Flou de Mode Glissant

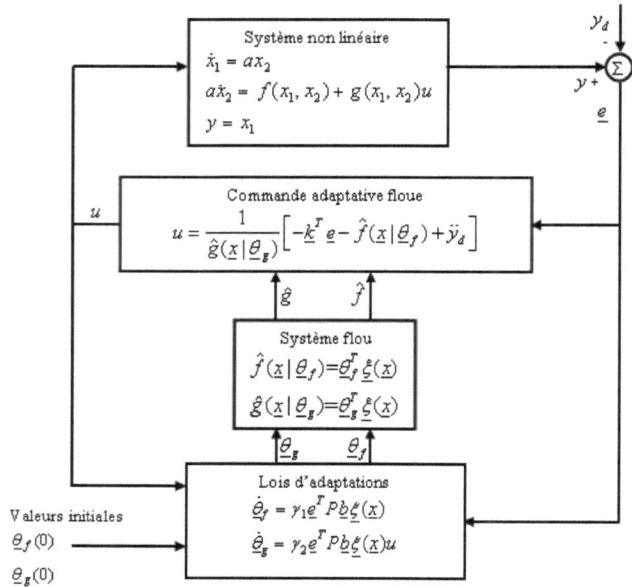

Figure 3.1. Schéma général d'un stabilisateur indirect adaptatif flou

3.4. Conception d'un stabilisateur indirect adaptatif flou mode glissant d'un système de puissance

Dans cette section, la procédure de conception d'un stabilisateur indirect adaptatif flou par mode glissant pour un système de puissance est explicitée dans le travail réalisé ayant fait l'objet de deux publications [92, 93].

3.4.1. Commande par mode glissant

La commande par mode de glissement consiste à concevoir une loi de commande qui puisse guider le vecteur d'état d'un système donné vers un hyperplan $S=0$, communément appelé surface de glissement. Une fois ce sous-espace d'état atteint, le vecteur d'état possèdera alors une dynamique stable qui dépendra directement du choix de la surface de glissement, et qui fera en sorte que le vecteur d'état convergera vers le point d'équilibre. Nous dirons alors que le vecteur d'état «glisse» sur l'hyperplan jusqu'à atteindre le point d'équilibre. La figure (3.2) schématise ce

Chapitre 3   Conception d'un Stabilisateur Intelligent : Indirect Adaptatif Flou de Mode Glissant

processus dans le plan de phase, c'est-à-dire dans le cas particulier d'un système mono variable d'ordre deux. Ainsi nous pouvons constater que la commande par mode de glissement est divisée en deux étapes, ou deux modes. Dans une première phase, le vecteur d'état doit atteindre la surface de glissement, nous parlons alors du mode d'attraction, ou « reaching mode». Dans une deuxième phase, et après avoir atteint la surface de glissement $S=0$, le vecteur d'état doit glisser sur cette surface jusqu'à atteindre le point d'équilibre, nous parlons alors de mode de glissement, ou de « sliding mode».

Donc la conception de la commande par mode de glissement est divisée en deux parties distinctes :

- premièrement, il faut choisir adéquatement la surface de glissement pour y assurer la convergence du vecteur d'état vers le point d'équilibre.
- Deuxièmement, il faut concevoir la loi de commande de telle manière que le vecteur d'état puisse atteindre la surface de glissement et y demeurer.

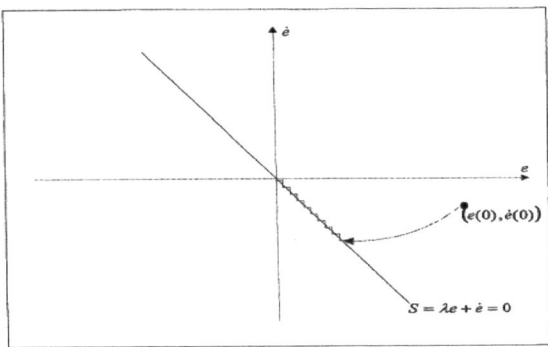

Figure 3.2. Schématisation du mode de glissement dans le plan de phase

Afin de bien comprendre les étapes dans la conception de la commande par mode de glissement, considérons le système de puissance non linéaire mono variable du deuxième ordre, dont la dynamique est donnée par l'équation différentielle (3.4):

$$\dot{x}_1 = ax_2$$
$$a\dot{x}_2 = f(x_1, x_2) + g(x_1, x_2)u$$
$$y = x_1$$

Où f et g sont des fonctions non linéaires, $\underline{x} = [x_1, x_2]^T \in R^2$ est le vecteur d'état des

Chapitre 3   Conception d'un Stabilisateur Intelligent : Indirect Adaptatif Flou de Mode Glissant

systèmes qu'on assume disponible pour la mesure, $u \in R$ et $y \in R$ sont l'entrée et la sortie du système respectivement. Le problème de commande est de concevoir une action de commande pour forcer l'état $\underline{x}$ à suivre un état de référence désiré $\underline{x}_d$.

On définit le vecteur d'erreur : $\underline{e} = \underline{x} - \underline{x}_d = [e, \dot{e}]^T \in R^2$. Un choix typique de la surface de glissement s dans l'espace d'état d'erreur est défini comme suit:

$$s(\underline{e}) = k_1 e + \dot{e} = \underline{k}^T \underline{e} \tag{3.37}$$

Où $\underline{k} = [k_1, 1]^T$ sont les coefficients d'un polynôme Hurwitz, c'est à dire que toutes les racines du polynôme $h(\lambda) = \lambda + k_1$ se trouvent dans le demi-plan gauche de Laplace. Si la condition initiale $\underline{e}(0) = 0$, alors le problème de poursuite $\underline{x} = \underline{x}_d$ peut être considéré comme le vecteur d'état d'erreur restant sur la surface de glissement $s(\underline{e}) = 0$ pour $t > 0$.

Pour cela, il faut que la loi de commande soit conçue de telle manière à ce que la condition suffisante suivante soit vérifiée:

$$S.\dot{S} < 0 \tag{3.38}$$

Le système est commandé de telle manière à permettre au vecteur d'état d'atteindre la surface de glissement et de converger vers la trajectoire désirée. Le signe de la valeur de commande doit changer à l'intersection entre la trajectoire d'état et la surface de glissement.

Considérer le problème de commande de système de puissance non linéaire (3.4), Si f et g sont des fonctions connues, la loi de commande par mode glissant u^* est donnée par :

$$u^* = \frac{1}{g(\underline{x},t)} [-k_1 \dot{e} - f(\underline{x},t) - \eta \operatorname{sgn}(s) + \ddot{y}_d] \tag{3.39}$$

Où :

$$sng(s) = \begin{cases} 1 & \text{si } s > 0 \\ 0 & \text{si } s = 0 \\ -1 & \text{si } s < 0 \end{cases} \tag{3.40}$$

On considère la fonction de Lyapunov candidate V de la forme :

$$V = \frac{1}{2} s^2(\underline{e}) \tag{3.41}$$

On dérive l'équation (3.40) par rapport au temps, alors $\dot{V}$ le long de la trajectoire du système comme :

$$\begin{aligned} \dot{V} &= s.\dot{s} \\ &= s.(k_1 \dot{e} + \ddot{e}) \\ &= s.(k_1 \dot{e} + f(\underline{x},t) + g(\underline{x},t)u - \ddot{y}_d) \\ &\leq -\eta |s| \end{aligned} \qquad (3.42)$$

D'ou la commande par mode glissant u^* garantit la condition d'attractivité de la surface de glissement de (3.38). Il est évident qu'afin de satisfaire la condition glissement, un terme de contrôle discontinu u_{sw}, doive être ajouté. C'est-à-dire $u^* = u_{eq} - u_{sw}$.

Où

$$u^* = \frac{1}{g(\underline{x},t)}\left[-k_1\dot{e} - f(\underline{x},t) - \eta \operatorname{sgn}(s) + \ddot{y}_d\right] \qquad (3.43)$$

$$u_{eq} = \frac{1}{g(\underline{x},t)}\left[-k_1\dot{e} - f(\underline{x},t) + \ddot{y}_d\right] \qquad (3.44)$$

$$u_{sw} = \frac{1}{g(\underline{x},t)}\left[\eta \operatorname{sgn}(s)\right] \qquad (3.45)$$

Cependant, les paramètres du système de puissance ne sont pas bien connus et imprécis; donc il est difficile de mettre en application la loi de commande (3.43). Non seulement f et g sont inconnues mais la commande discontinu de type commutation causera le problème de chattering. Pour résoudre ces problèmes on propose un stabilisateur indirect adaptatif flou par mode glissant en utilisant les systèmes flous et un régulateur PI pour résoudre ces problèmes.

3.4.2. Conception d'un contrôleur indirect adaptatif flou par mode glissant

Si $f(\underline{x})$ et $g(\underline{x})$ sont connues, on peut facilement construire la commande par mode de glissement présentée dans la section précédente, cependant, $f(\underline{x})$ et $g(\underline{x})$ ne sommes pas connues, nous les remplaçons donc par les systèmes flous $\hat{f}(\underline{x}|\underline{\theta}_f)$ et $\hat{g}(\underline{x}|\underline{\theta}_g)$, sous forme d'équations (3.9), ce à quoi on ajoute un terme de commande

Chapitre 3   Conception d'un Stabilisateur Intelligent : Indirect Adaptatif Flou de Mode Glissant

PI pour éliminer l'action de chattering. Les entrées et la sortie de cette dernière sont définis comme [96, 97]:

$$u_p = k_p h_1 + k_i h_2 \qquad (3.46)$$

Où $h_1 = s$, $h_2 = \int s\, dt$, k_p et k_i sont les gains de terme de commande PI. Equation (13) peut être réécrite comme :

$$\hat{p}(\underline{h}|\underline{\theta}_p) = \underline{\theta}_p^T \underline{\psi}(\underline{h}) \qquad (3.47)$$

Ou $\theta_p = [k_p, k_i]^T \in R^2$ est le vecteur des paramètres ajustables, et $\underline{\psi}^T(\underline{h}) = [h_1, h_2] \in R^2$ est un vecteur régressif. Nous utilisons des systèmes flous pour approximer les fonctions inconnues $f(\underline{x})$, $g(\underline{x})$ et pour concevoir une commande adaptative PI afin d'éliminer le chattering dû à la commande par mode glissant. Par conséquent, la loi de commande devient:

$$u = \frac{1}{\hat{g}(\underline{x}|\underline{\theta}_g)}\left[-k_1\dot{e} - \hat{f}(\underline{x}|\underline{\theta}_f) - \hat{p}(\underline{h}|\underline{\theta}_p) + \ddot{y}_d\right] \qquad (3.48)$$

$$\hat{f}(\underline{x}|\underline{\theta}_f) = \underline{\theta}_f^T \underline{\xi}(\underline{x}) \qquad (3.49)$$

$$\hat{g}(\underline{x}|\underline{\theta}_g) = \underline{\theta}_g^T \underline{\xi}(\underline{x}) \qquad (3.50)$$

Afin d'éviter le problème de chattering, la limite de commutation est remplacée par une action de commande PI qui change sans interruption afin de lisser l'effet de chattering quand l'état est dans une bande définie par $|s| < \Phi$. L'action de commande est maintenue à la valeur saturée quand l'état est en dehors de cette bande. Par conséquent, nous utilisons $|\hat{p}(\underline{h}|\underline{\theta}_p)| = \eta$ quand $|s| \geq \Phi$, où Φ est l'épaisseur de la bande.

$$\hat{u}_p = \begin{cases} \underline{\theta}_p^T \underline{\psi}(\underline{h}) & \text{if } |s| < \varphi \\ \eta \operatorname{sgn}(s) & \text{if } |s| \geq \varphi \end{cases} \qquad (3.51)$$

Ce qui résulte en (3.52).

$$\begin{aligned}\dot{s} &= k_1 \dot{e} + f(\underline{x},t) + g(\underline{x},t)u - \ddot{y}_d \\ &= f(\underline{x},t) - \hat{f}(\underline{x}|\underline{\theta}_f) + (g(\underline{x},t) - \hat{g}(\underline{x}|\underline{\theta}_g))u - \hat{p}(\underline{h}|\underline{\theta}_p)\end{aligned} \qquad (3.52)$$

La tâche suivante est de remplacer $\hat{f}$ et $\hat{g}$ par des systèmes flous représentés dans (3.49) et (3.50), et où $\hat{p}$ est donné par (3.47) et de développer des lois d'adaptation adéquates pour ajuster le vecteur de paramètres $\underline{\theta}_f$, $\underline{\theta}_g$ et $\underline{\theta}_p$ dans le but de forcer l'erreur de poursuite à converger vers zéro.

Théorème 1 : Si dans le problème de commande non-linéaire du système (3.4), la commande (3.48) est appliquée et $\hat{f}$, $\hat{g}$ et $\hat{p}$ sont estimées par (3.49), (3.50) et (3.47), le vecteur de paramètres $\underline{\theta}_f$, $\underline{\theta}_g$ et $\underline{\theta}_p$ sont ajustés par les lois adaptations (3.53), (3.54) et (3.55) alors les signaux du système en boucle fermée sont bornés et la trajectoire de l'erreur converge vers zéro asymptotiquement.

$$\underline{\dot{\theta}}_f = \gamma_1 s \underline{\xi}(\underline{x}) \tag{3.53}$$

$$\underline{\dot{\theta}}_g = \gamma_2 s \underline{\xi}(\underline{x}) u \tag{3.54}$$

$$\underline{\dot{\theta}}_p = \gamma_3 s \underline{\psi}(\underline{h}) \tag{3.55}$$

Démonstration : Définissant les vecteurs de paramètres optimaux suivants :

$$\underline{\theta}_f^* = \arg\min_{\underline{\theta}_f \in \Omega_f}\left(\sup_{\underline{x} \in R^n}\left|\hat{f}(\underline{x}|\underline{\theta}_f) - f(\underline{x},t)\right|\right) \tag{3.56}$$

$$\underline{\theta}_g^* = \arg\min_{\underline{\theta}_g \in \Omega_g}\left(\sup_{\underline{x} \in R^n}\left|\hat{g}(\underline{x}|\underline{\theta}_g) - g(\underline{x},t)\right|\right) \tag{3.57}$$

$$\underline{\theta}_p^* = \arg\min_{\underline{\theta}_p \in \Omega_p}\left(\sup_{\underline{h} \in R^n}\left|\hat{p}(\underline{h}|\underline{\theta}_p) - u_{sw}\right|\right) \tag{3.58}$$

Où Ω_f, Ω_g et Ω_p sont les ensembles de contraintes pour θ_f, θ_g et $\underline{\theta}_p$, respectivement, spécifiés par le concepteur. On définir l'erreur minimum d'approximation:

$$w = f(\underline{x},t) - \hat{f}(\underline{x}|\underline{\theta}_f^*) + (g(\underline{x},t) - \hat{g}(\underline{x}|\underline{\theta}_g^*))u \tag{3.59}$$

Supposition 1 Si les paramètres $\underline{\theta}_f$, $\underline{\theta}_g$ et $\underline{\theta}_p$, appartiennent aux ensembles de contraintes Ω_f, Ω_g et Ω_p respectivement, définis comme

$$\Omega_f = \left\{\underline{\theta}_f \in R^n : \|\underline{\theta}_f\| \leq M_f\right\} \tag{3.60}$$

$$\Omega_g = \left\{\underline{\theta}_g \in R^n : 0 < \varepsilon \leq \|\underline{\theta}_g\| \leq M_g\right\} \tag{3.61}$$

$$\Omega_p = \left\{\underline{\theta}_p \in R^n : \|\underline{\theta}_p\| \leq M_p\right\} \tag{3.62}$$

M_f, M_g et ε sont des constantes positives spécifiées par le concepteur, en supposant que les paramètres θ_f, θ_g et les paramètres de commande PI n'atteignent jamais les frontières des ensembles de contraintes, alors (3.52) peut être écrit

Chapitre 3   Conception d'un Stabilisateur Intelligent : Indirect Adaptatif Flou de Mode Glissant

comme :

$$\begin{aligned}\dot{s} &= k_1\dot{e} + f(\underline{x},t) + g(\underline{x},t)u - \ddot{y}_d.\\ &= f(\underline{x},t) - \hat{f}(\underline{x}\,|\,\theta_f) + (g(\underline{x},t) - \hat{g}(\underline{x}\,|\,\theta_g))u - \hat{p}(\underline{h}\,|\,\underline{\theta}_p)\\ &= \hat{f}(\underline{x}\,|\,\theta_f^*) - \hat{f}(\underline{x}\,|\,\theta_f) + (\hat{g}(\underline{x}\,|\,\theta_g^*) - \hat{g}(\underline{x}\,|\,\theta_g))u + \hat{p}(\underline{h}\,|\,\underline{\theta}_p) - \hat{p}(\underline{h}\,|\,\underline{\theta}_p) - \hat{p}(\underline{h}\,|\,\underline{\theta}_p^*) + w\\ &= \underline{\phi}_f^T \underline{\xi}(\underline{x}) + (\underline{\phi}_g^T \underline{\xi}(\underline{x}))u + \underline{\phi}_p^T \underline{\psi}(\underline{h}) - \hat{p}(\underline{h}\,|\,\underline{\theta}_p^*) + w\end{aligned} \qquad (3.63)$$

Où $\underline{\phi}_f = \underline{\theta}_f^* - \underline{\theta}_f$, $\underline{\phi}_g = \underline{\theta}_g^* - \underline{\theta}_g$, $\underline{\phi}_p = \underline{\theta}_p^* - \underline{\theta}_p$.

Considérons maintenant la fonction candidate de Lyapunov

$$V = \frac{1}{2}s^2 + \frac{1}{2\gamma_1}\underline{\phi}_f^T \underline{\phi}_f + \frac{1}{2\gamma_2}\underline{\phi}_g^T \underline{\phi}_g + \frac{1}{2\gamma_3}\underline{\phi}_p^T \underline{\phi}_p \qquad (3.64)$$

La dérivée de V le long de la trajectoire de l'erreur est donnée par :

$$\begin{aligned}\dot{V} &= s\dot{s} + \frac{1}{\gamma_1}\underline{\phi}_f^T \underline{\dot{\phi}}_f + \frac{1}{\gamma_2}\underline{\phi}_g^T \underline{\dot{\phi}}_g + \frac{1}{\gamma_3}\underline{\phi}_p^T \underline{\dot{\phi}}_p\\ &= s(\underline{\phi}_f^T \underline{\xi}(\underline{x}) + (\underline{\phi}_g^T \underline{\xi}(\underline{x}))u + \underline{\phi}_p^T \underline{\psi}(\underline{h}) - \hat{p}(\underline{h}\,|\,\underline{\theta}_p^*) + w) + \frac{1}{\gamma_1}\underline{\phi}_f^T \underline{\dot{\phi}}_f + \frac{1}{\gamma_2}\underline{\phi}_g^T \underline{\dot{\phi}}_g + \frac{1}{\gamma_3}\underline{\phi}_p^T \underline{\dot{\phi}}_p\\ &= s\underline{\phi}_f^T \underline{\xi}(\underline{x}) + \frac{1}{\gamma_1}\underline{\phi}_f^T \underline{\dot{\phi}}_f + s\underline{\phi}_g^T \underline{\xi}(\underline{x})u + \frac{1}{\gamma_2}\underline{\phi}_g^T \underline{\dot{\phi}}_g + s\underline{\phi}_p^T \underline{\psi}(\underline{h}) + \frac{1}{\gamma_3}\underline{\phi}_p^T \underline{\dot{\phi}}_p - s\hat{p}(\underline{h}\,|\,\underline{\theta}_p^*) + sw\\ &= \frac{1}{\gamma_1}\underline{\phi}_f^T (\gamma_1 s \underline{\xi}(\underline{x}) + \underline{\dot{\phi}}_f) + \frac{1}{\gamma_2}\underline{\phi}_g^T (\gamma_2 s \underline{\xi}(\underline{x})u + \underline{\dot{\phi}}_g) + \frac{1}{\gamma_3}\underline{\phi}_p^T (s\underline{\psi}(\underline{h}) + \underline{\dot{\phi}}_p) - s\hat{p}(\underline{h}\,|\,\underline{\theta}_p^*) + sw\\ &\leq \frac{1}{\gamma_1}\underline{\phi}_f^T (\gamma_1 s \underline{\xi}(\underline{x}) + \underline{\dot{\phi}}_f) + \frac{1}{\gamma_2}\underline{\phi}_g^T (\gamma_2 s \underline{\xi}(\underline{x})u + \underline{\dot{\phi}}_g) + \frac{1}{\gamma_3}\underline{\phi}_p^T (s\underline{\psi}(\underline{h}) + \underline{\dot{\phi}}_p) - s\eta\,\mathrm{sgn}(s) + sw\\ &< \frac{1}{\gamma_1}\underline{\phi}_f^T (\gamma_1 s \underline{\xi}(\underline{x}) + \underline{\dot{\phi}}_f) + \frac{1}{\gamma_2}\underline{\phi}_g^T (\gamma_2 s \underline{\xi}(\underline{x})u + \underline{\dot{\phi}}_g) + \frac{1}{\gamma_3}\underline{\phi}_p^T (s\underline{\psi}(\underline{h}) + \underline{\dot{\phi}}_p) - |s|\eta + sw\end{aligned} \qquad (3.65)$$

Où $\underline{\dot{\phi}}_f = -\underline{\dot{\theta}}_f$, $\underline{\dot{\phi}}_g = -\underline{\dot{\theta}}_g$ et $\underline{\dot{\phi}}_p = -\underline{\dot{\theta}}_p$. En remplacement (3.53), (3.54) et (3.55) dans (3.65), alors nous avons

$$\dot{V} \leq sw - |s|\eta \leq 0 \qquad (3.66)$$

Vu que w l'erreur d'approximation minimum. L'équation (3.66) est le mieux qu'on puisse obtenir. Par conséquent, tous les signaux dans le système sont bornés. Évidemment, si $\underline{e}(0)$ est bornée, alors $\underline{e}(t)$ est bornée pour tout $t > 0$. Puisque le signal de référence $\underline{x}_d$ est borné, alors le system d'état $\underline{x}(t)$ est borné aussi bien. Pour finaliser la preuve et établir la convergence asymptotique de la trajectoire d'erreur, nous avons besoin de montrer que $s \to 0$ lorsque $t \to \infty$.

Supposant que $|s| \leq \eta_s$ alors l'équation (3.66) peut être réécrite comme suit :

$$\dot{V} \leq |s||w| - |s|\eta \leq \eta_s |w| - |s|\eta \tag{3.67}$$

L'intégration des deux cotées de (3.67) après quelques manipulations nous donne:

$$\int_0^t |s| \, d\tau \leq \frac{1}{\eta}(|V(0)| + |V(t)|) + \frac{\eta_s}{\eta}\int_0^t |w| \, d\tau \tag{3.68}$$

Pour $s \in L_1$ à partir de (3.66), la surface de glissement s est bornée et chaque terme en (3.63) est borné, par conséquent, $s, \dot{s} \in L_\infty$ à l'aide du lemme de Barbalat on déduit que $s \to 0$ quand $t \to \infty$ [80]. Nous avons montré que le système est stable et que l'erreur convergera asymptotiquement vers zéro.

Remarque : Le résultat ci-dessus de stabilité est réalisé avec la supposition 1 que la borgnitude des paramètres est assurée. Pour ce faire, les lois adaptatives (3.53)-(3.55) peuvent être modifiées en employant l'algorithme de projection [84, 95]. Les lois adaptatives modifiées sont données ci-dessous:

- On utilise les lois d'adaptation suivantes pour ajuster le vecteur de paramètres $\underline{\theta}_f$.

$$\dot{\underline{\theta}}_f = \begin{cases} -\gamma_1 s \underline{\xi}(\underline{x}) & \text{si } \left(|\underline{\theta}_f| < M_f\right) \text{ où } \left(|\underline{\theta}_f| = M_f \text{ et } s \underline{\theta}_f^T \underline{\xi}(\underline{x}) \geq 0\right) \\ P\{-\gamma_1 s \underline{\xi}(\underline{x})\} & \text{si } \left(|\underline{\theta}_f| = M_f \text{ et } s \underline{\theta}_f^T \underline{\xi}(\underline{x}) < 0\right) \end{cases} \tag{3.69}$$

Où l'opérateur de projection est défini comme

$$P\{-\gamma_1 s \underline{\xi}(\underline{x})\} = -\gamma_1 s \underline{\xi}(\underline{x}) + \gamma_1 s \frac{\underline{\theta}_f \underline{\theta}_f^T \underline{\xi}(\underline{x})}{|\underline{\theta}_f|^2} \tag{3.70}$$

- On utilise les lois d'adaptation suivantes pour ajuster le vecteur de paramètres $\underline{\theta}_g$.

$$\dot{\underline{\theta}}_g = \begin{cases} -\gamma_2 s \underline{\xi}(\underline{x})u & \text{si } \left(|\underline{\theta}_g| < M_g\right) \text{ où } \left(|\underline{\theta}_g| = M_g \text{ et } s \underline{\xi}(\underline{x})u \geq 0\right) \\ P\{-\gamma_2 s \underline{\xi}(\underline{x})u\} & \text{si } \left(|\underline{\theta}_g| = M_g \text{ et } s \underline{\xi}(\underline{x})u < 0\right) \end{cases} \tag{3.71}$$

Où :

$$P\{-\gamma_2 s \underline{\xi}(\underline{x})u\} = -\gamma_2 s \underline{\xi}(\underline{x})u + \gamma_2 s \frac{\underline{\theta}_g \underline{\theta}_g^T \underline{\xi}(\underline{x})u}{|\underline{\theta}_g|^2} \tag{3.72}$$

- On utilise les lois d'adaptation suivantes pour ajuster le vecteur de paramètres $\underline{\theta}_p$.

$$\dot{\underline{\theta}}_p = \begin{cases} -\gamma_3 s \underline{\psi}(\underline{h}) & \text{si } \left(|\underline{\theta}_p| < M_f\right) \text{ où } \left(|\underline{\theta}_p| = M_f \text{ et } s \underline{\theta}_p^T \underline{\psi}(\underline{h}) \geq 0\right) \\ P\{-\gamma_3 s \underline{\psi}(\underline{h})\} & \text{si } \left(|\underline{\theta}_p| = M_f \text{ et } s \underline{\theta}_p^T \underline{\psi}(\underline{h}) < 0\right) \end{cases} \tag{3.73}$$

Chapitre 3   Conception d'un Stabilisateur Intelligent : Indirect Adaptatif Flou de Mode Glissant

Où l'opérateur de projection est défini comme

$$P\{-\gamma_3 s \underline{\psi}(\underline{h})\} = -\gamma_3 s \underline{\xi}(x) + \gamma_3 s \frac{\underline{\theta}_p \underline{\theta}_p^T \underline{\psi}(\underline{h})}{|\underline{\theta}_p|^2} \tag{3.74}$$

Le schéma général du stabilisateur proposé indirect adaptatif flou par mode glissant est montré en figure (3.3).

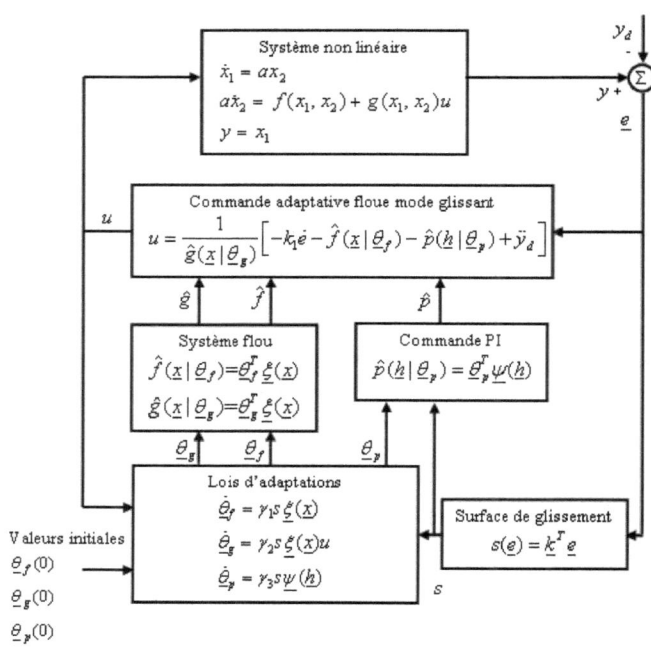

Figure 3.3. Schéma général de stabilisateur proposé indirect adaptatif flou par mode glissant

3.5. Conclusion

On a d'abord présenté un stabilisateur indirect adaptatif flou pour ensuite développer un stabilisateur indirect adaptatif flou par mode glissant pour un système de puissance multi-machines. Le contrôleur proposé combine les avantages de la commande robuste par mode glissant et la commande adaptative indirecte en utilisant les systèmes flous pour approximer les dynamiques inconnues du système. La synthèse par Lyapunov a été utilisée pour démontrer la stabilité en boucle fermée et élaborer les lois d'adaptations pour l'approche préconisée.

Chapitre 4

Résultats et Validation

4.1. Introduction

Le système de puissance étudié dans cette thèse est non linéaire et complexe. Il ne peut être facilement modelé mathématiquement et est difficile à commander à cause de la variété des modes d'oscillations rencontrée et la stabilité du système se détériore en présence de perturbations. Dans nombre de conditions, des oscillations de différentes natures apparaissent sur les réseaux de puissance électriques. Par conséquent, pour tester efficacement les performances d'un stabilisateur, il est primordial d'utiliser un réseau test qui permet de reproduire les différents phénomènes qui apparaissent sur les réseaux. De manière plus précise, le réseau test doit permettre de reproduire d'une part, le comportement non linéaire du système et d'autre part, les modes d'oscillations d'intérêt. Dans ce travail nous allons valider par simulation l'efficacité du stabilisateur indirect AFSMPSS proposé sur deux systèmes de puissance de Kundur, un système d'une machine reliée à un jeu de barres infini (SMIB) pour différents points de fonctionnement et un réseau test multi-machines permettant l'étude de plusieurs modes d'oscillations tels que les modes locaux et les modes interzones. On doit s'assurer que le stabilisateur est capable d'amortir les oscillations locales et d'interzones et de montrer des performances satisfaisantes en présence de perturbations diverses. Ces dernières consisteront en une série de trois tests, à savoir un court-circuit triphasé, un court-circuit monophasé à la terre et un changement de la tension de référence.

4.2. Procédé de conception d'un stabilisateur indirect adaptatif flou de mode glissant

Dans ce que suit, on utilise la variation de vitesse et la puissance d'accélération comme entrées des systèmes de logique floue. La procédure pour concevoir un stabilisateur indirect adaptatif flou de mode glissant pour l'amortissement des oscillations électromécaniques des systèmes de puissance [92, 93] se résume dans les étapes suivantes :

Etape 1 : spécification des coefficients.

1.1. Sélecte les paramètres du contrôleur : $k_1 = 4$, $k_p = 2.9$ et $k_i = 14.2$ pour un système SMIB (obtenus en utilisant PSO, dans la section suivante) et pour un système multi-machines $k_1 = 0.1$, $k_p = 1$ et $k_i = 4$, sachant que les pôles de $k_1 e + \dot{e}$ appartiennent au demi plant gauche de Laplace.

1.2. Spécifier les paramètres de conception : $\gamma_1 = 2$, $\gamma_2 = 20$, $\gamma_3 = 2$, $M_f = 3$, $M_g = 130$, $M_p = 18$.

Etape 2 : élaborer la commande floue initiale.

2.1. On définit m_1 les ensembles flous $F_1^{k_1}$ pour l'entrée $\Delta\omega$ ou $k_1 = 1, 2, ..., m_1$ et m_2 les ensemble flous $F_2^{k_2}$ pour l'entrée ΔP où $k_2 = 1, 2, ..., m_2$. Ici m_1 et m_2 sont choisis comme $m_1 = m_2 = 7$. Les ensembles flous de l'entrée $\Delta\omega$ et ΔP sont définis selon les fonctions d'appartenances montrées dans les figures (4.1) et (4.2) respectivement.

2.2. Construire la fonction de base floue (FBF) des fonctions d'appartenances d'entrée sous la forme suivante :

$$\xi^{(k_1,k_2)}(\underline{x}) = \frac{\mu_{F_1^{k_1}}(x_1)\mu_{F_2^{k_2}}(x_2)}{\sum_{k_1=1}^{m_1}\sum_{k_2=2}^{m_2}\mu_{F_1^{k_1}}(x_1)\mu_{F_2^{k_2}}(x_2)} \tag{4.1}$$

et les rassembler tous dans $m_1 \times m_2$ dimension de vecteur $\underline{\xi}(\underline{x})$ de l'ordonner $k_1 = 1, 2, ..., m_1$ et $k_2 = 1, 2, ..., m_2$.

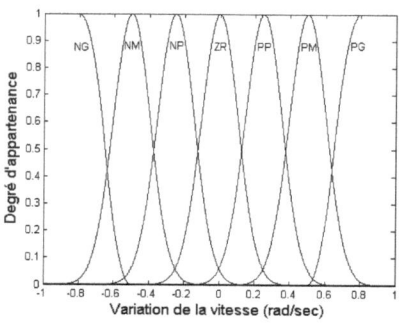 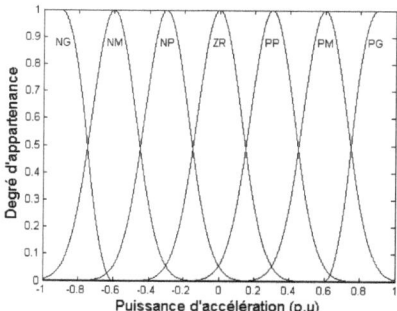

Figure 4.1. Les fonctions d'appartenances pour l'entrée $\Delta\omega$

Figure 4.2. Les fonctions d'appartenances pour l'entrée ΔP

2.3. La base des règles floues pour les systèmes flous $\hat{f}(\underline{x}|\underline{\theta}_f)$ et $\hat{g}(\underline{x}|\underline{\theta}_g)$ qui consiste en $m_1 \times m_2$ règles de la forme suivante :

$$R_g^{(k_1,k_2)} : IF\ x_1\ is\ F_1^{k_1}\ and\ x_2\ is\ F_2^{k_2}, THEN\ \hat{g}(\underline{x}|\underline{\theta}_g)\ is\ X^{(k_1,k_2)} \tag{4.2}$$

On construit le vecteur $\underline{\theta}_g$ comme une collection des valeurs de $X^{(k_1,k_2)}$ dans le même ordre de $\underline{\xi}(\underline{x})$, où $X^{(k_1,k_2)}$ est le centre de gravité de l'ensemble flou de sortie. Par exemple, pour la machine synchrone étudiée, la base des règles floues et le vecteur de paramètre $\underline{\theta}_g$ peuvent être construits à partir de la table 4.1 et 4.2 (les éléments de $\underline{\theta}_g$ sont en per unit et choisis négatifs comme noté en (3.2)).

Vu que l'on n'a pas assez d'informations sur $\hat{f}(\underline{x}|\underline{\theta}_f)$, les valeurs initiales de $\underline{\theta}_f$ sont choisis nuls.

$\Delta\omega$	ΔP						
	NB	NM	NS	ZR	PS	PM	PB
NB	-0.5	-1.5	-2.5	-3.5	-2.5	-1.5	-0.5
NM	-1.5	-2.5	-3.5	-4.5	-3.5	-2.5	-1.5
NS	-2.5	-3.5	-4.5	-5.5	-4.5	-3.3	-2.5
ZR	-3.5	-4.5	-5.5	-6.5	-5.5	-4.5	-3.5
PS	-2.5	-3.5	-4.5	-5.5	-4.5	-3.3	-2.5
PM	-1.5	-2.5	-3.5	-4.5	-3.5	-2.5	-1.5
PB	-0.5	-1.5	-2.5	-3.5	-2.5	-1.5	-0.5

Tableau 4.1. Tableau de décision pour la construction du vecteur $\underline{\theta}_g$ pour l'estimation de $\hat{g}(\underline{x}|\underline{\theta}_g)$ pour un système mono-machine

	ΔP						
$\Delta\omega$	NB	NM	NS	ZR	PS	PM	PB
NB	-0.93	-1.86	-2.79	-3.71	-2.79	-1.86	-0.93
NM	-1.86	-2.79	-3.71	-4.64	-3.71	-2.79	-1.86
NS	-2.79	-3.71	-4.64	-5.57	-4.64	-3.71	-2.79
ZR	-3.71	-4.64	-5.57	-6.5	-5.57	-4.64	-3.71
PS	-2.79	-3.71	-4.64	-5.57	-4.64	-3.71	-2.79
PM	-1.86	-2.79	-3.71	-4.64	-3.71	-2.79	-1.86
PB	-0.93	-1.86	-2.79	-3.71	-2.79	-1.86	-0.93

Tableau 4.2. Tableau de décision pour la construction du vecteur $\underline{\theta}_g$ pour l'estimation de $\hat{g}(\underline{x}|\underline{\theta}_g)$ pour multi-machines

2.4. Les fonctions $\hat{f}(\underline{x}|\underline{\theta}_f)$ et $\hat{g}(\underline{x}|\underline{\theta}_g)$ sont écrites comme (3.49) et (3.50) respectivement. Le signal du stabilisateur est obtenu à partir de l'équation (3.48).

Etape 3 : Adaptation directe (en temps réel)

3.1. Appliquer le signal de control au système de puissance de l'équation (3.1).

3.2. Mettre en œuvre les lois d'adaptation explicitées dans le chapitre 3 (3.53), (3.54) et (3.55) pour ajuster les vecteurs des paramètres $\underline{\theta}_f$, $\underline{\theta}_g$ et $\underline{\theta}_p$. Dans le but d'améliorer les performances on a recours à un algorithme d'optimisation des paramètres du contrôleur en l'occurrence l'utilisation de l'algorithme d'optimisation par essaim de particules ou PSO.

4.3. L'optimisation par essaim de particules (PSO)

Kennedy et Eberhart [98], proposent en 1995 une nouvelle méthode d'optimisation nommée Optimisation par Essaim de Particule, (Particules Swarm Optimization). PSO est une méthode d'optimisation stochastique basée sur une population de particules regroupées en essaims, chaque particule prend sa décision en utilisant sa propre expérience et les expériences de ses voisines. PSO est une technique stochastique d'optimisation inspirée des mouvements coordonnés des oiseaux en nuées ou des bancs de poissons [98-100]. Les PSO, comme les algorithmes évolutionnaires, sont des méthodes d'optimisation à population dont l'individu (particule) représente une solution potentielle. Comme les algorithmes génétiques, PSO démarre le processus d'optimisation par une génération aléatoire de la population initiale et l'évolution des individus par itérations en convergeant graduellement vers la solution optimale.

Chaque particule vole dans l'espace de recherche du problème avec une vitesse adaptative modifiée dynamiquement selon sa propre expérience du vol et l'expérience du vol des autres particules. Ainsi, chaque particule essaie de s'améliorer en suivant le chemin de son meilleur voisin. En outre, chaque particule possède une mémoire qui lui permet de se rappeler de la meilleure position qu'elle a visitée dans l'espace de recherche. La position de la particule correspondant à la meilleure performance est appelée pbest et la meilleure position de toutes les particules est appelée gbest.

L'évolution de la vitesse et la position de chaque particule peuvent être calculées en utilisant les informations de sa vitesse actuelle et de la distance entre sa position actuelle et les positions pbest$_i$ et gbest, comme les donnent les relations suivantes [44,101] :

$$v_i^{k+1} = w.v_i^k + c_1 rand_1 (pbest_i - x_i^k) + c_2 rand_2 (gbest - x_i^k) \qquad (4.3)$$

$$x_i^{k+1} = x_i^k + v_i^k \; ; \; i=1, 2, \ldots np \qquad (4.4)$$

$$w = w_{max} - \frac{w_{max} - w_{min}}{iter_{max}} iter \qquad (4.5)$$

Avec :

v_i^k : vitesse actuelle de la $i^{ème}$ particule à la $k^{ème}$ itération.

w : fonction de pondération.

c_1, c_2 : coefficients de pondération.

rand : nombre aléatoire entre 0 et 1.

x_i^k : position actuelle de la $i^{ème}$ particule à la $k^{ème}$ itération.

$pbest_i$: *pbest* de la $i^{ème}$ particule.

gbest : *gbest* de la population.

np : nombre de particules dans la population.

L'objectif est de trouver les valeurs optimales des paramètres (k_1, k_p et k_i qui sont les particules) du stabilisateur proposé AFSMPSS qui permettent d'obtenir un amortissement satisfaisant des oscillations électromécaniques. Dans ce but nous avons choisi une fonction objective fonction de la variation de la vitesse angulaire $\Delta \omega$ définie par le critère suivant:

$$ITAE = \int_0^t t.|\Delta\omega|dt \qquad (4.6)$$

ITAE est l'intégrale de l'erreur absolue pondérée par le temps (*Integral Time multiplied by Absolute Error*) et le système sera d'autant mieux réglé que le critère intégral choisi sera minimal.

Après avoir appliqué l'algorithme d'optimisation PSO on obtient : $k_1 = 4$, $k_p = 2.9$ et $k_i = 14.2$, et l'évolution de la fonction objective est représentée par la figure (4.3).

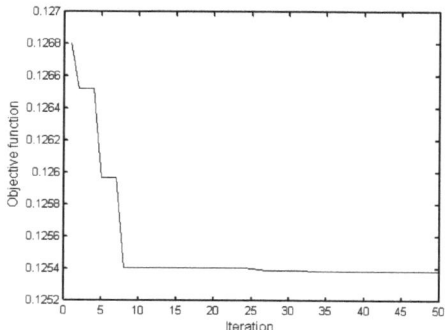

Figure 4.3. Évolution de la fonction objective.

La fonction fitness atteint une valeur finie puisque l'écart de vitesse angulaire est réglé à zéro.

4.4. Application au système mono machine SMIB

4.4.1. Description du système de puissance :

Un modèle non linéaire d'un système de puissance constitué d'une machine synchrone reliée à un jeu de barres infini par une paire de lignes de transmission [58] est choisi pour la simulation. Une représentation schématique de diagramme du système de puissance est montrée dans figure (4.4). Un transformateur triphasé est utilisé entre la machine synchrone et les lignes de transmission pour élever la tension de la machine. Un système d'excitation simplifié de type IEEE-ST1 standard a été employé.

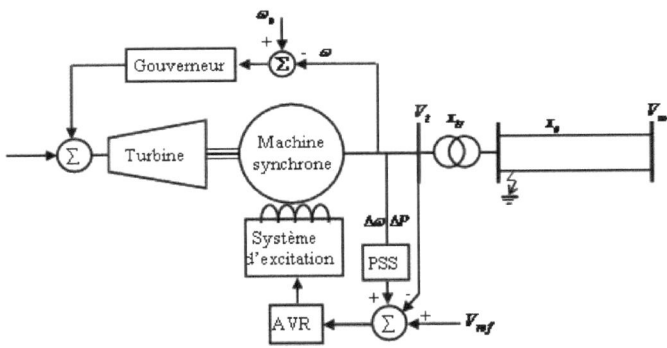

Figure 4.4. Schéma simplifié d'une machine synchrone connectée à un jeu de barres infini (SMIB)

4.4.2. Résultats de simulation

L'importance d'un contrôleur conçu pour une commande d'un élément du réseau électrique est qu'il soit fonctionnel non seulement autour du point de fonctionnement à partir duquel les paramètres et données nécessaires pour la conception ont été extraits mais il doit être aussi efficace pour tout autre point de fonctionnement que ce soit en un régime de fonctionnement léger ou critique. Dans ce qui suit, on montrera la performance et l'efficacité du stabilisateur proposé AFSMPSS dans l'amélioration de la stabilité transitoire du système de puissance. Les résultats de simulation des performances du système avec un stabilisateur conventionnel (CPSS) optimisé par PSO, un stabilisateur flou (FPSS) et un stabilisateur indirect adaptatif flou (IAFPSS) pour différents points de fonctionnement seront comparés.

Le système est soumis à une grande perturbation provenant d'un court-circuit triphasé à la terre sur l'une des deux lignes de transmission à l'instant $t = 0.2$ sec pendant une durée de 0.06 sec et ce pour des différents points de fonctionnement résultant par simulation aux réponses illustrées par les figures suivantes:

Scénario 1 : Fonctionnement normal : $P_0 = 0.9$ pu, $Q_0 = 0.3$ pu et $X_e = 0.2$ pu.

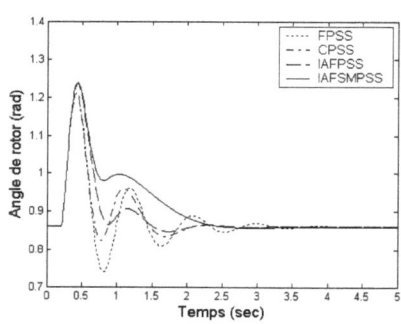

Figure 4.5. Variation de l'angle de puissance

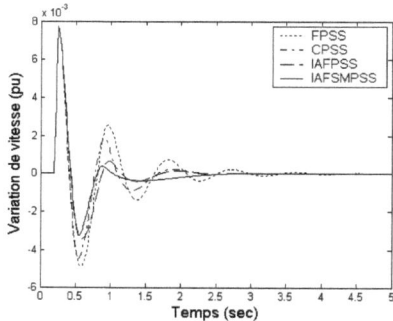

Figure 4.6. Variation de la vitesse angulaire

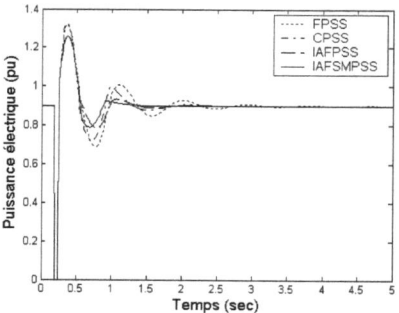

Figure 4.7. Variation de la puissance électrique

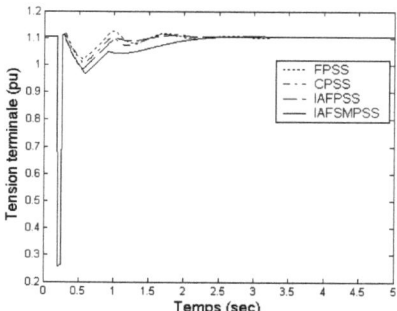

Figure 4.8. Variation de la tension terminale

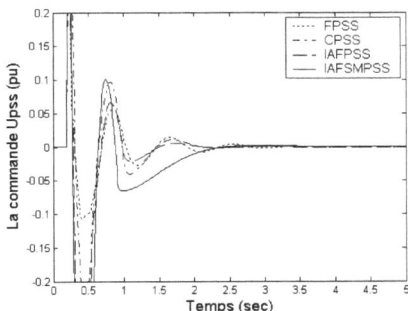

Figure 4.9. Variation de la commande

Scénario 2 : Charge réactive lourde et raccordement faible : P_0= 0.9 pu, Q_0= 0.8 pu et X_e= 0.3 pu.

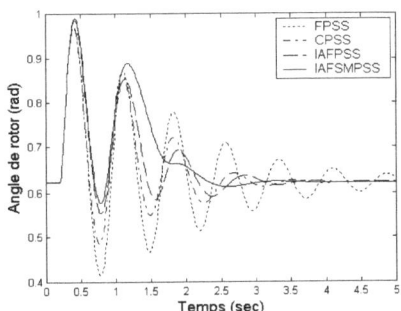

Figure 4.10. Variation de l'angle de puissance

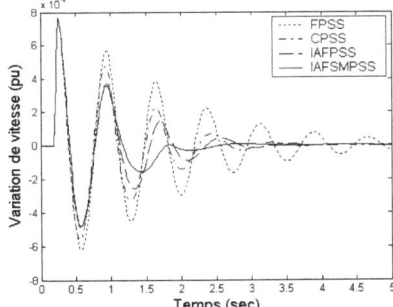

Figure 4.11. Variation de la vitesse angulaire

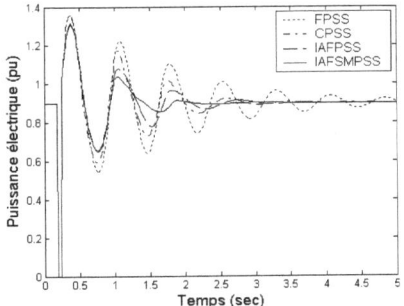

Figure 4.12. Variation de la puissance électrique

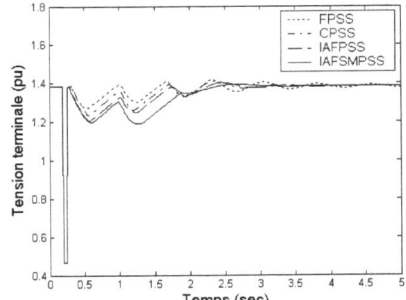

Figure 4.13. Variation de la tension terminale

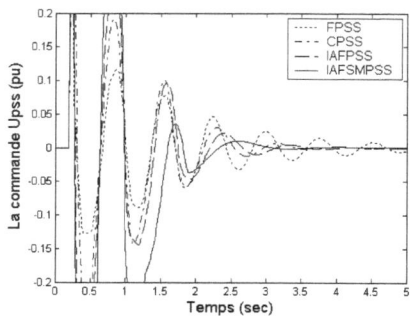

Figure 4.14. Variation de la commande

Scénario 3 : Injection de puissance réactive : $P_0 = 0.9$ pu, $Q_0 = -0.3$ pu et $X_e = 0.2$ pu.

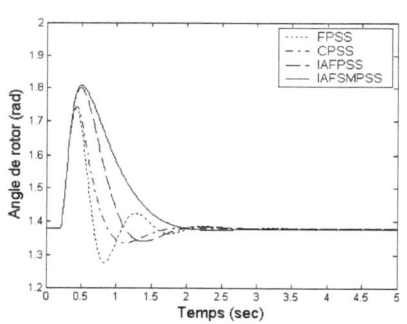

Figure 4.15. Variation de l'angle de puissance

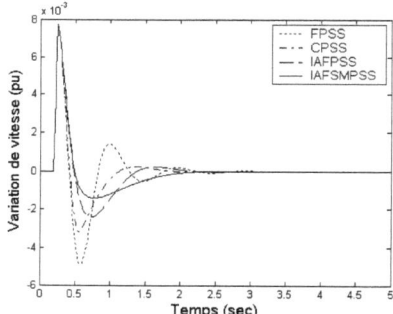

Figure 4.16. Variation de la vitesse angulaire

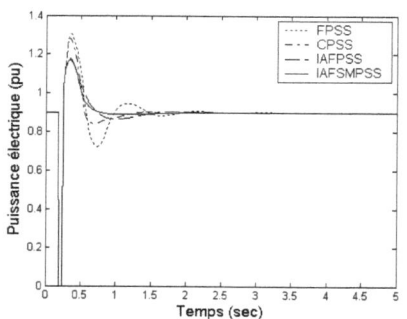

Figure 4.17. Variation de la puissance électrique

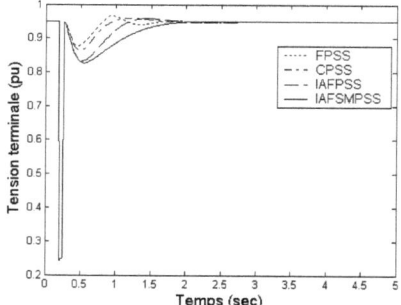

Figure 4.18. Variation de la tension terminale

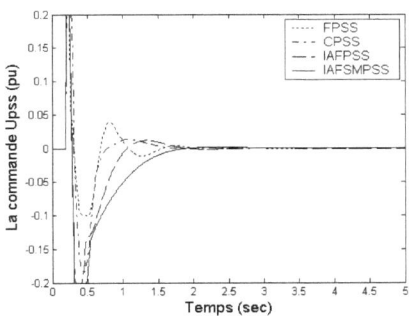

Figure 4.19. Variation de la commande

Scénario 4 : Charge faible ; P_0= 0.4 pu, Q_0= 0.2 pu et X_e= 0.1 pu

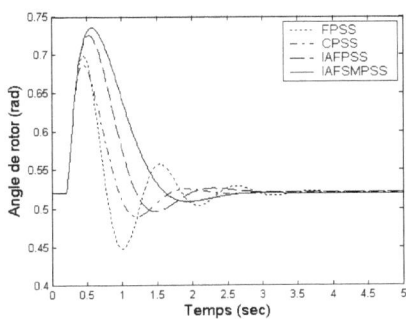

Figure 4.20. Variation de l'angle de puissance

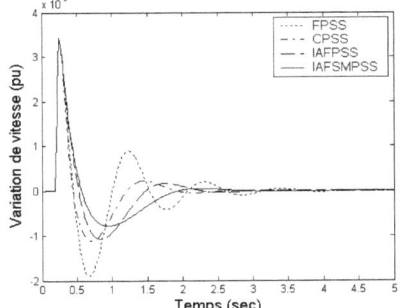

Figure 4.21. Variation de la vitesse angulaire

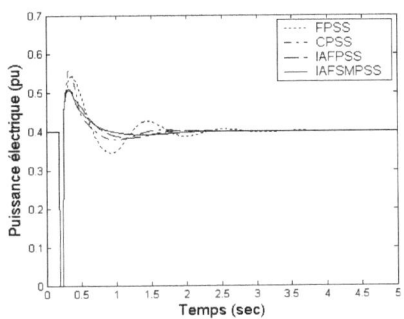

Figure 4.22. Variation de la puissance électrique

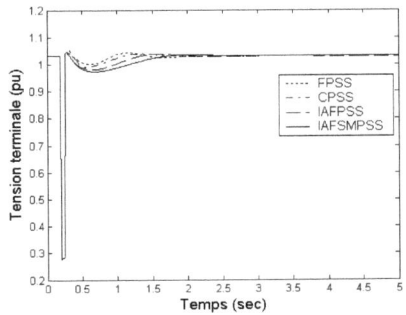

Figure 4.23. Variation de la tension terminale

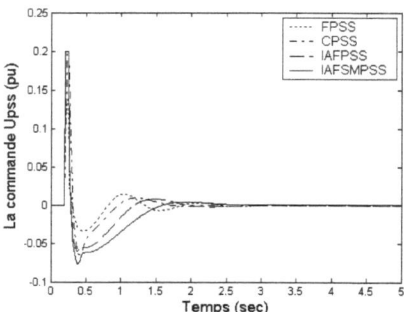

Figure 4.24. Variation de la commande

Nous pouvons bien voir à travers les résultats de simulation pour différents point de fonctionnement après élimination du défaut que le stabilisateur proposé AFSMPSS assure une meilleure stabilité et confirme sa supériorité en améliorant l'amortissement des oscillations comparativement au stabilisateur adaptatif flou AFPSS, au stabilisateur flou FPSS et au stabilisateur conventionnel optimisé par PSO.

4.5. Application à un système multi-machines

Le générateur connecté à un jeu de barres infini représente un des rare cas d'exploitation des réseaux de puissance électriques. Les générateurs sont en général groupés et reliés avec d'autres formants ainsi des systèmes multi-machines. Les phénomènes d'oscillation de puissance sont rencontrés en grande partie entre de grandes régions interconnectées. Dans le cadre de ce travail le réseau test multi-machines qui a été retenu est celui de Kundur et une simulation basé sur le stabilisateur proposé AFSMPSS conduite. Les performances du stabilisateur AFSMPSS en termes d'amortissement des oscillations locales et interrégionales sont évaluées dans les sections suivantes.

4.5.1. Description du réseau étudié

Le réseau test se compose de deux zones totalement symétriques reliés entre-elles par deux lignes en parallèle de 220 km de longueur avec une tension nominale de 230 kV, figure (4.25). Il a été spécifiquement conçu [58] pour étudier les oscillations électromécaniques de basse fréquence dans les grands systèmes électriques interconnectés. Malgré sa petite taille, il imite très bien le comportement des systèmes typiques en fonctionnement réel. Chaque zone est équipée de deux générateurs identiques de 20 kV/900 MVA. Les machines synchrones ont des paramètres identiques sauf pour les inerties qui sont H = 6.5 s dans la zone 1 et H = 6.175 s dans la zone 2. La charge est représentée par une impédance constante partagée entre les zones de telle manière que la zone 1 exporte 400 MW vers la zone 2. Vu que la charge maximale d'une seule ligne est d'environ 140 MW, le système est un peu stressé, même dans l'état statique. Le jeu de barres auquel est connecté le générateur *G1* est considéré comme le jeu de barres de référence. Des batteries de condensateur sont installées dans chaque zone afin d'améliorer le profil de tension pour qu'elle soit proche de l'unité relative dans les deux zones.

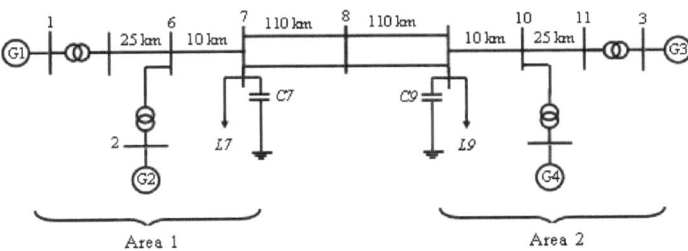

Figure 4.25. Représentation schématique des deux régions du système étudié.

4.5.2. Amortissement des oscillatoires inter-régions

Les échanges croissants d'énergie font apparaître des oscillations de puissance, nommées « oscillations inter-régions ». Ces oscillations électromécaniques sont visibles par l'oscillation de la vitesse ou l'angle des arbres des générateurs d'au moins deux régions mais aussi par l'oscillation de la puissance transitant sur les lignes du réseau [102]. Les oscillations inter-régions limitent la production d'énergie par les machines ainsi que le transport d'énergie, entre autre à cause de l'écart des oscillations qui dépasse la capacité de production des générateurs, et augmentent les risques d'instabilité.

Pour mieux représenter ce phénomène d'oscillations inter-régions, on prend souvent un exemple mécanique analogue figure (4.26): celui de deux chariots reliés par un ressort, oscillants en opposition de phases, chaque chariot représentant un groupe de machines cohérentes (c'est à dire avec des angles internes δ_i «en phases ») et le ressort représentant les lignes [103].

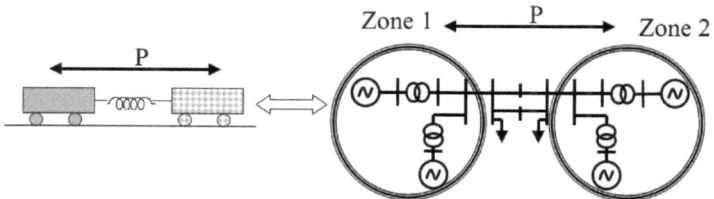

Figure 4.26. Exemple mécanique analogue aux oscillations inter-régions

Rappelons que sur un réseau électrique il existe trois principaux types de mode d'oscillation:

- les modes dits sous-synchrones où les oscillations se font à une fréquence relativement élevée, sujet non traité dans notre étude ($\geq 1,5$ Hz) ;
- les modes dits locaux où une machine oscille seule contre une autre machine du même site ou contre le reste du réseau ($\geq 1,0$ Hz) ;
- Les modes dits inter-régions (ou interzones) où un groupe de machines cohérentes oscille contre un autre groupe (de 0,1 à 1 Hz).

L'amortissement des oscillations inter-régions peut se faire de trois façons principales:

-soit par des lignes THT (Très Hautes Tensions) en ajoutant des lignes supplémentaires, c'est la solution la plus coûteuse;

-soit par des dispositifs FACTS (Flexible AC Transmission System), placés sur les lignes les plus contraintes, ce sont des injecteurs de puissance réactive [104]; nous ne nous intéresserons pas à ce type d'amortissement dans cette thèse.

-soit par des PSS (Power System stabilizer) [3] couplés à des AVR (Automatic Voltage Regulator) qui agissent sur la tension d'excitation de la machine synchrone : c'est la solution conventionnelle. Nous pouvons également amortir les oscillations inter-régions par les correcteurs non linéaires : c'est cette solution que nous testons ici.

4.5.3. Intérêt de l'amortissement des oscillations inter-régions

Dans les réseaux électriques, les marges de transmission de la puissance (la différence entre la limite thermique et l'utilisation « normale ») sont amenées à être de plus en plus réduites, la consommation augmentant, et les structures de production et de transport se développant peu, pour des raisons de rentabilité économiques mais aussi écologiques. On perçoit dès lors l'intérêt de nouvelles technologies permettant de se rapprocher des limites thermiques des réseaux déjà en places.

L'augmentation de la stabilité des réseaux électriques par l'amortissement des oscillations inter-régions, permet tout en gardant une marge de sécurité équivalente, de réduire les marges de transmission de puissance.

4.5.4. Résultats de simulation

Le modèle de système de puissance de quatre machines montré dans la figure (4.25) a été choisi pour évaluer la performance et l'efficacité du stabilisateur proposé pour l'amortissement des oscillations locales et interzones. La performance obtenue avec le stabilisateur proposé AFSMPSS est comparée à celles obtenues en utilisant un stabilisateur conventionnel (CPSS) [58], en utilisant un stabilisateur flou (FPSS) et en utilisant un stabilisateur indirect adaptatif flou de système de puissance (AFPSS), sous différentes contingences. Une représentation schématique du diagramme d'un générateur est montrée dans la figure (4.27).

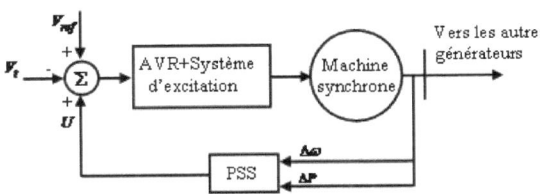

Figure 4.27. Configuration d'un générateur équipé supplémentaire stabilisateur.

4.5.4.1. Système sans stabilisateur

Nous étudions en premier lieu le fonctionnement du système sans PSS. La perte de stabilité du système aux grandes perturbations conduit évidemment à la présence de modes d'oscillations électromécaniques fortement instables. Nous appliquons un défaut triphasé sur la ligne 7-8 suivi par une élimination du défaut. Le temps de défaut et de retour à l'état initial est choisi de l'ordre de 6 périodes du réseau (0.1 s). Les réponses des angles de rotor, la variation de vitesse des générateurs et la puissance électrique suite au défaut choisi sont montrées dans les figures (4.28-30).

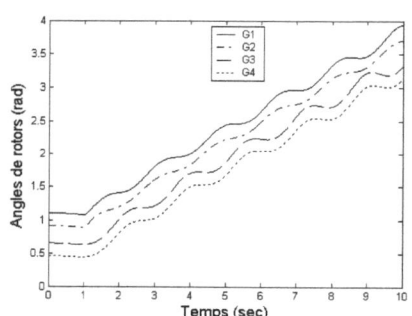 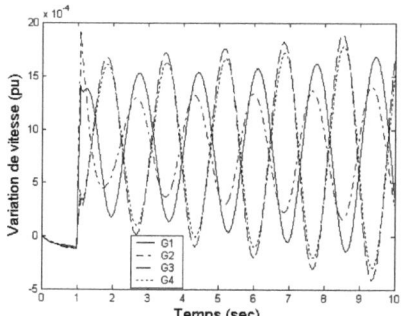

Figure 4.28. angles de rotors des générateurs (sans PSS)

Figure 4.29. Variation de vitesse des générateurs (sans PSS)

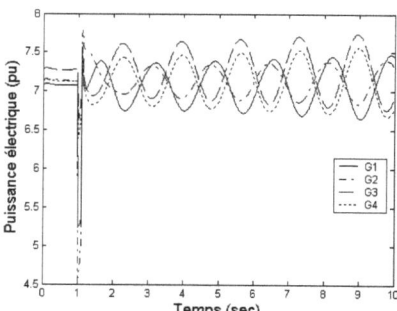

Figure 4.30. Puissances électriques des générateurs (sans PSS)

La figure (4.28) montre bien que les modes instables mènent à un écart croissant des angles de rotor et par conséquent à la perte de la stabilité du système.

Pour rétablir la stabilité du système et améliorer l'amortissement des modes électromécaniques, les stabilisateurs (CPSS, FPSS, IAFPSS, IAFSMPSS) sont maintenant ajoutés aux générateurs.

4.5.4.2. *Evaluation de performance et comparaison*

Pour évaluer la performance des différents stabilisateurs des simulations temporelles du système sont effectuées en considérant le modèle non linéaire pour ces différents scénarios en présence d'une grande perturbation transitoire.

Scénario 1 : un défaut triphasé de 6 périodes du réseau (0.1 s) est appliqué au milieu d'une ligne de double ligne de transmission 7-8.

Cette perturbation de forte amplitude est sensée provoquer une oscillation inter zone. En effet ce court-circuit interrompt momentanément et rétablit le transfert de puissance entre les deux zones du réseau. Le régime transitoire provoqué par la perturbation engendre une fluctuation dans la direction du transfert de puissance. La figure (4.31) montre les réponses temporelles, les écarts entre les angles des générateurs 2 et 1 le mode local, les écarts entre les angles des générateurs 4 et 1 et entre les angles des générateurs 3 et 1 ce qui illustre le mode d'oscillations inter-régions pour le défaut proposé. Les oscillations interrégionales se manifestent clairement sur l'écart angulaire des générateurs appartenant à des régions différentes, ils oscillent en opposition de phase comme l'illustre les premières oscillations. La figure (4.32) représente la réponse dynamique des écarts de variation des vitesses des générateurs. Nous pouvons clairement constater que le stabilisateur AFSMPSS proposé assure une bonne performance satisfaisant permettant d'obtenir le meilleur amortissement des oscillations interzones pour cette contingence en comparaison avec les stabilisateurs AFPSS, FPSS et CPSS.

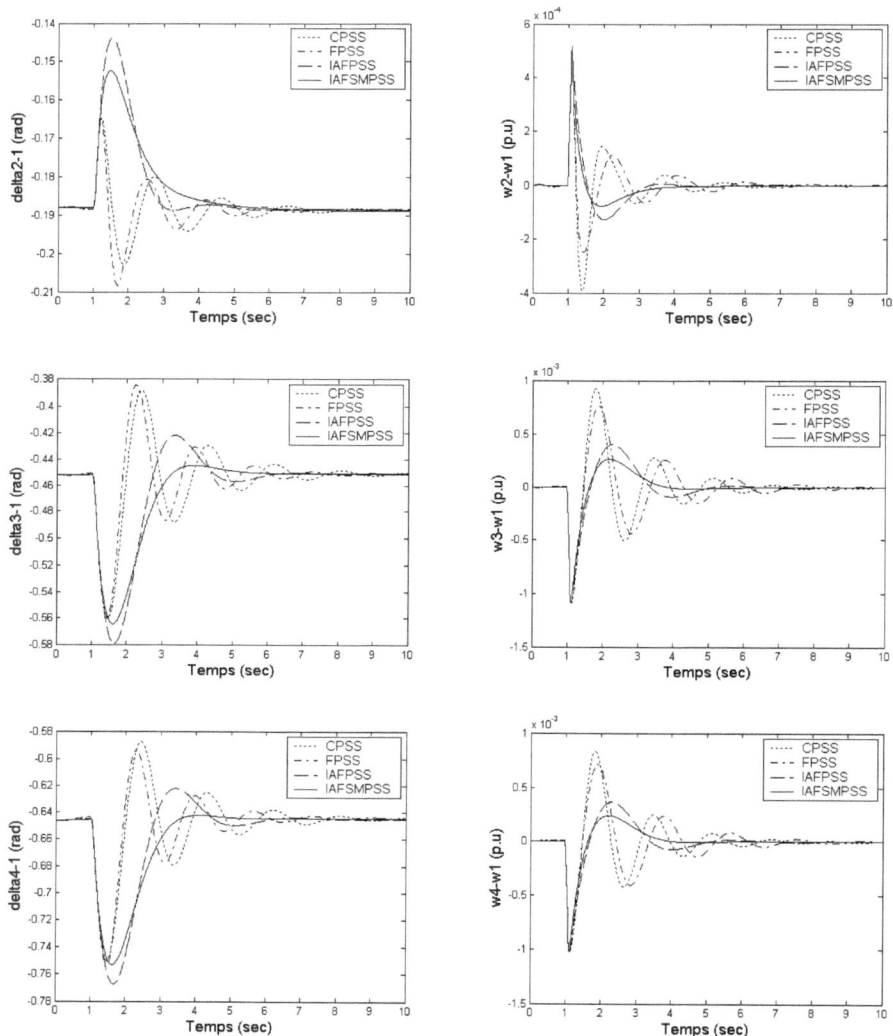

Figure 4.31. Ecarts des angles des générateurs (1er scénario)

Figure 4.32. Ecarts de variation des vitesses des générateurs (1er scénario)

Les variations des angles des rotors influencent fortement les puissances électriques des générateurs du système ainsi que les tensions terminales. La figure (4.33) illustre la réponse dynamique des puissances électriques des quatre générateurs et la réponse dynamique des tensions terminales représentées par la figure (4.34).

On a représenté les signaux des stabilisateurs dans la figure (4.35).

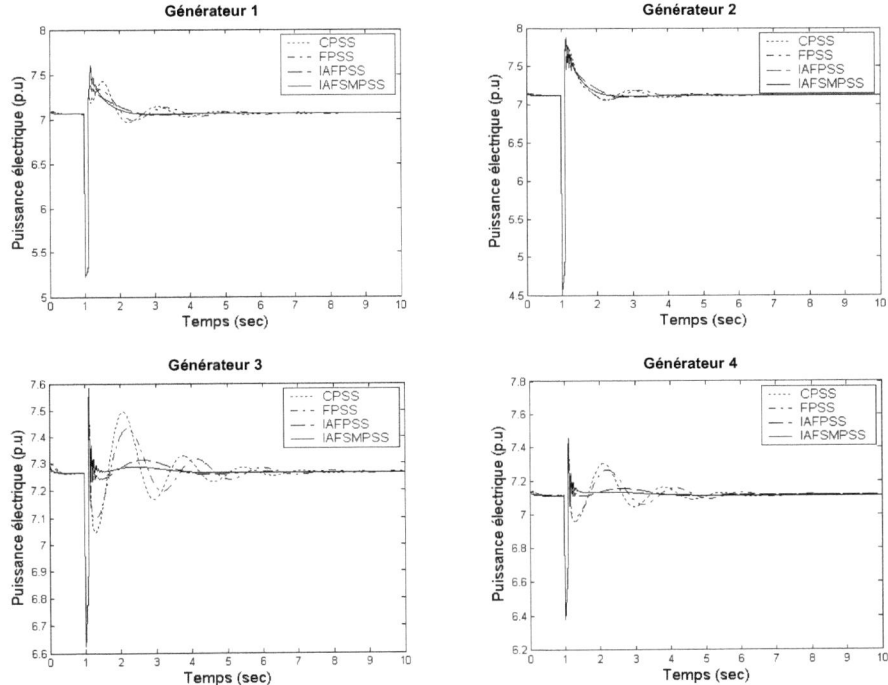

Figure 4.33. Puissance électrique des générateurs (1er scénario)

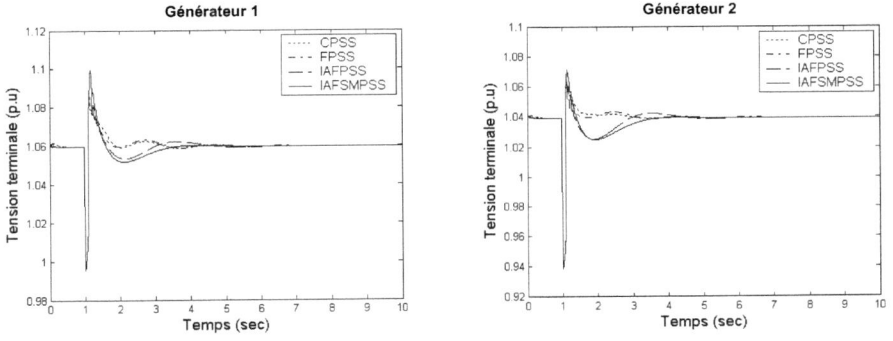

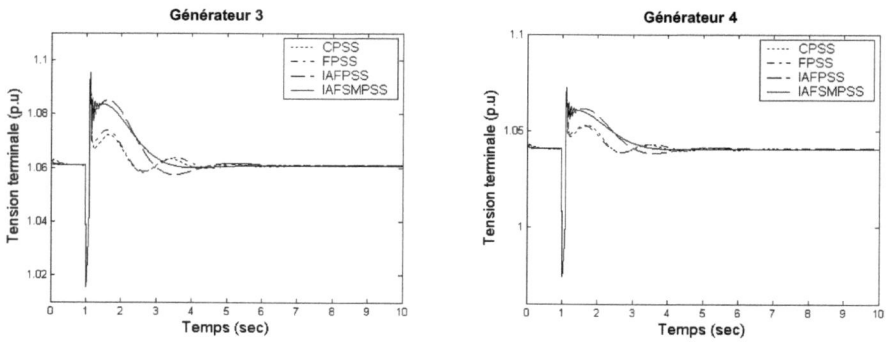

Figure 4.34. Variation de la tension terminale des générateurs (1er scénario)

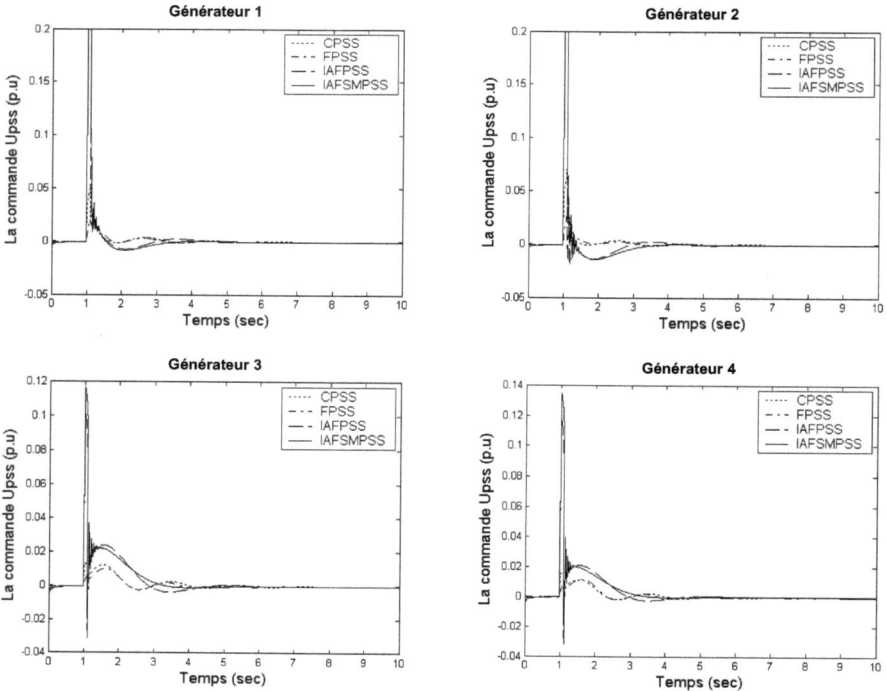

Figure 4.35. Variation de la commande des générateurs (1er scénario)

4.5.4.3. Test de robustesse

La robustesse consiste à assurer que la stabilité du réseau (et donc l'amortissement des modes d'oscillations critiques) reste garantie dans une plage de points de fonctionnement assez large. Nous allons considérer deux perturbations ayant des grandes variations dans une utilisation normale d'un réseau: les valeurs des changements dans les tensions de référence et les impédances des lignes. Nous allons nous assurer du bon fonctionnement des stabilisateurs et de leurs performances pour deux points de fonctionnement différents.

Pour tester la robustesse de stabilisateurs proposés, les perturbations suivantes sont appliquées et la performance du système évaluée.

Scénario 2 : Les réponses du système suite à une contingence sévère d'une grande amplitude tel qu'un défaut monophasé a la terre dans la région 2 sur la ligne 9-10 est appliqué à la proximité du jeux de barre 9 pendant 6 périodes du réseau (0.1 s).

Les réponses dynamiques des écarts des angles de rotors et de variation des vitesses entre les générateurs donnés dans les figures (4.36) et (4.37) respectivement, montrent bien la restauration rapide de la stabilité suite à cette contingence et l'amortissement d'oscillations locales obtenu avec le stabilisateur AFSMPSS dans la zone 1 est le plus efficace.

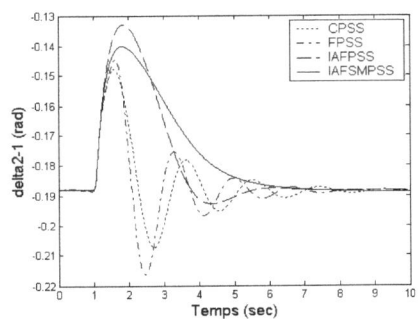
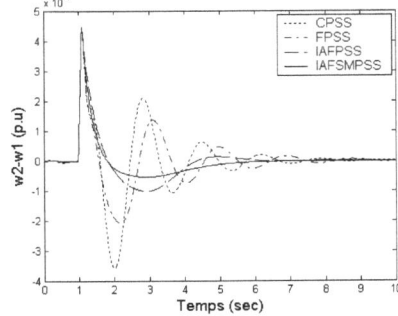

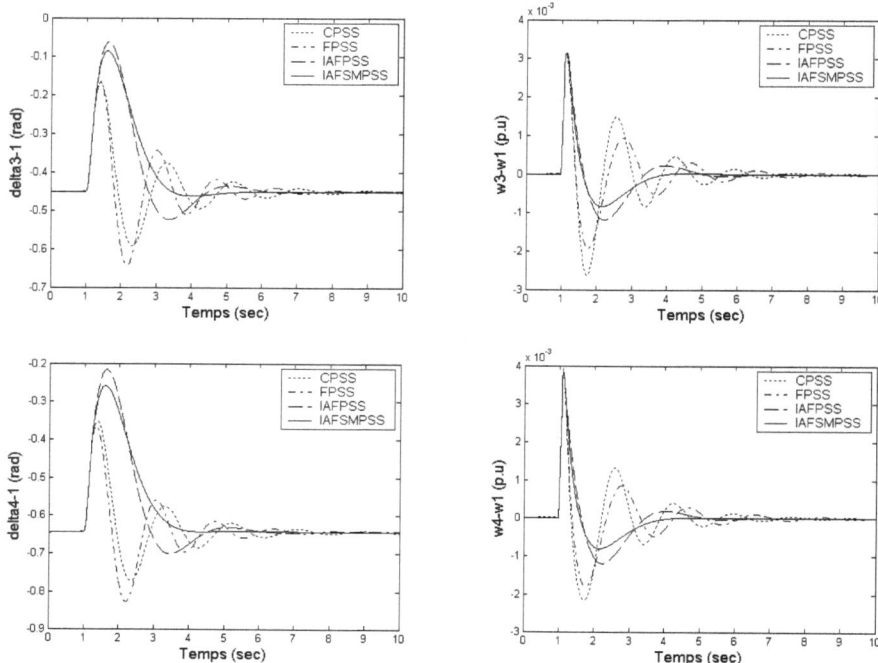

Figure 4.36. Ecarts des angles des générateurs (2ème scénario)

Figure 4.37. Ecarts de variation des vitesses des générateurs (2ème scénario)

La réponse dynamique des puissances électriques des quatre générateurs, la réponse dynamique des tensions terminales et les signaux stabilisateurs sont présentées respectivement dans les figures (4.38-39-40).

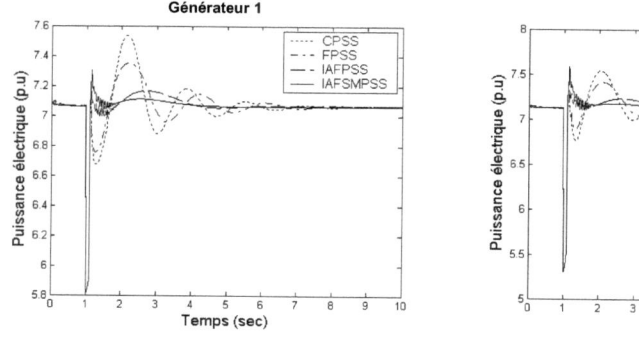

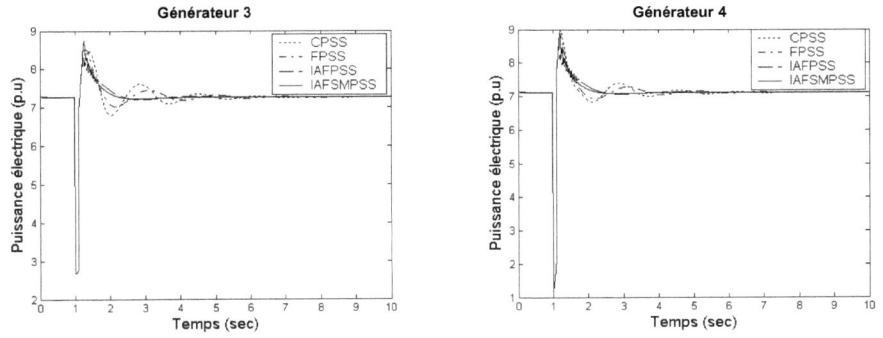

Figure 4.38. Puissance électrique des générateurs (2ème scénario)

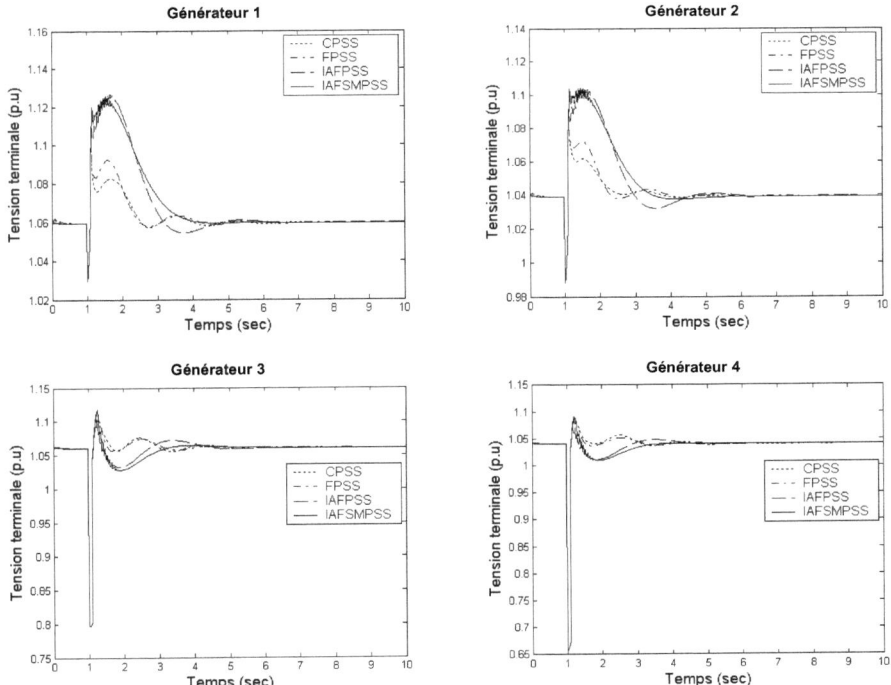

Figure 4.39. Variation de la tension terminale des générateurs (2ème scénario)

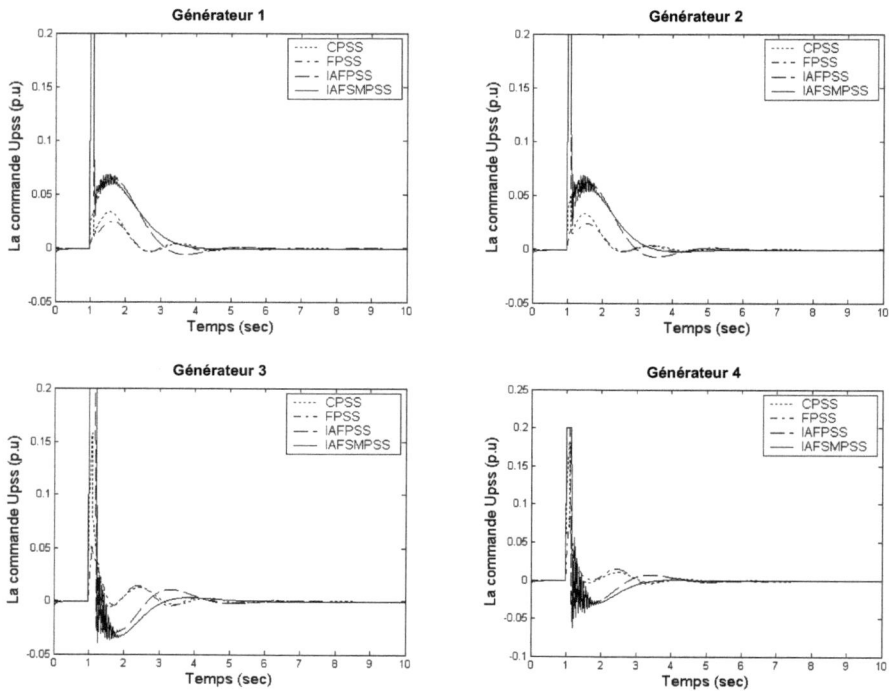

Figure 4.40. Variation de la commande des générateurs (2ème scénario)

Scénario 3 : un changement de 20% dans la tension de référence de générateur 1 est appliqué pour une durée de 200 ms.

La performance du stabilisateur proposé est ainsi établie malgré le défaut. Les figures (4.41) et (4.42) montrent les réponses du réseau pour les différents régulateurs utilisés. On peut observer que le PSS proposé à une performance d'amortissement des oscillations locales nettement supérieure dans la zone 1 pour ce défaut.

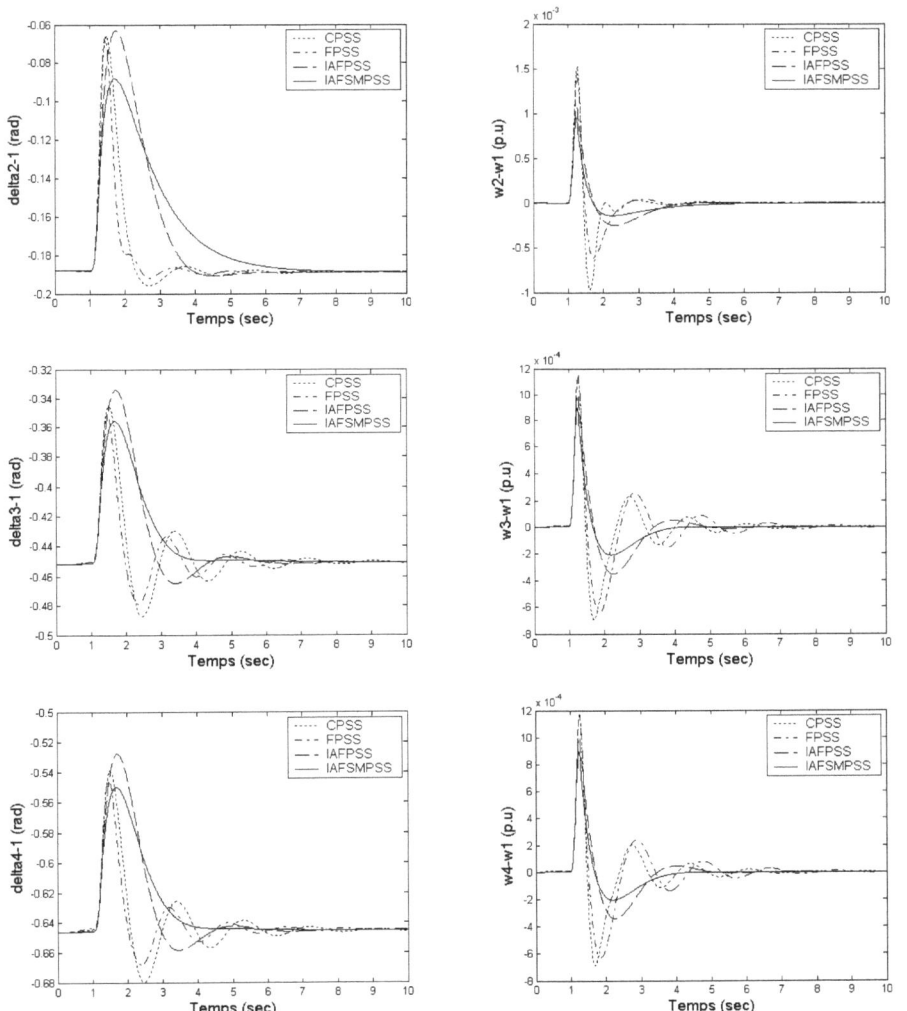

Figure 4.41. Ecarts des angles des générateurs (3ème scénario)

Figure 4.42. Ecarts de variations des vitesses des générateurs (3ème scénario)

Les figures (4.43-44) illustrent les réponses de la puissance électrique et la tension terminale des générateurs. Les signaux de stabilisateurs sont indiqués dans la figure (4.45).

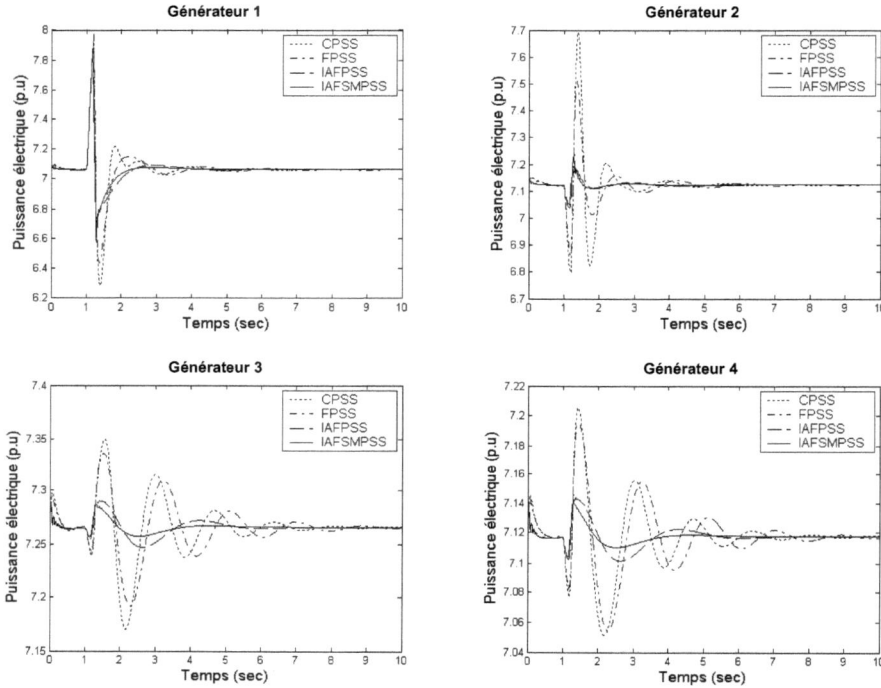

Figure 4.43. Puissance électrique des générateurs (3ème scénario)

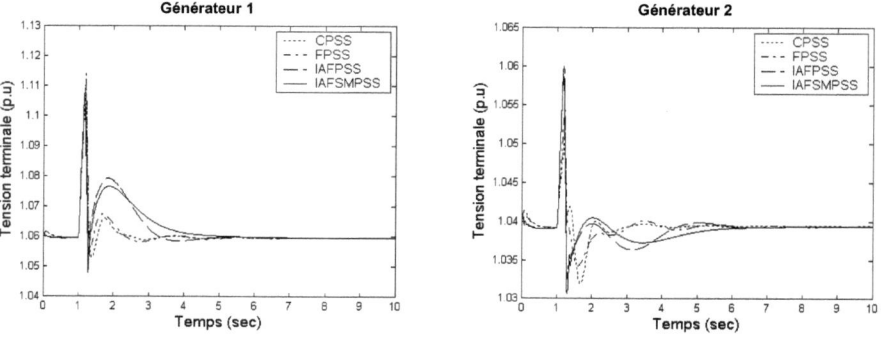

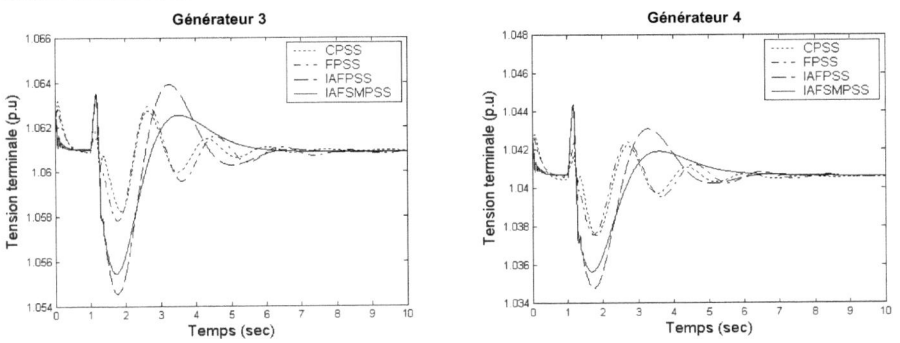

Figure 4.44. Variation de la tension terminale des générateurs (3ème scénario)

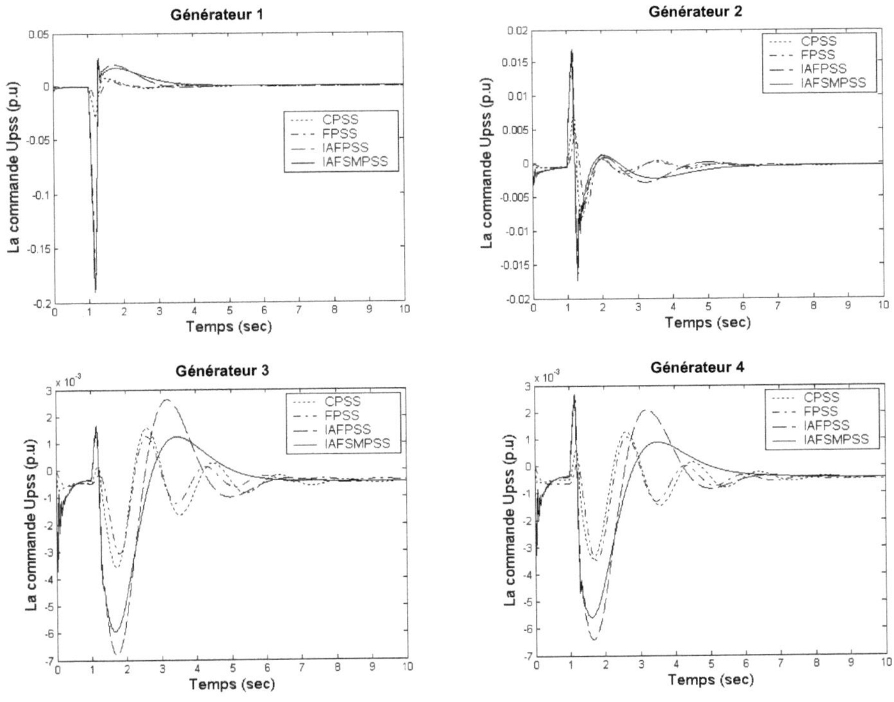

Figure 4.45. Variation de la commande des générateurs (3ème scénario)

Pour mieux comparer et évaluer la robustesse du PSS proposé, l'index de performance $\left(J_P = \Sigma t |\Delta \omega_{i-1}|\right)$ est employé pour comparer l'efficacité des différents PSS considérés. Il va sans dire que plus la valeur de cet index est basse meilleure sera la réponse de système en termes de caractéristiques temporelles. Le tableau (4.3) montre les valeurs de l'index de performance pour tous les cas des perturbations. Ainsi, le régulateur AFSMPSS proposé assure la stabilité en amortissant les oscillations électromécaniques et améliore clairement les performances dynamiques du système en réduisant l'effet de tous les types de perturbations suivants: le défaut court-circuit triphasé, le défaut monophasé a la terre et le changement de la tension de référence.

		CPSS	FPSS	IAFPSS	IAFSMPSS
Case 1	Gen_{2-1}	0.071983	0.076493	0.044369	0.035746
	Gen_{3-1}	0.35037	0.38126	0.19403	0.12249
Case 2	Gen_{2-1}	0.14192	0.12834	0.074704	0.061625
	Gen_{3-1}	0.93253	0.82547	0.5524	0.38032
Case 3	Gen_{2-1}	0.13105	0.13763	0.12593	0.11393
	Gen_{3-1}	0.20213	0.25829	0.1544	0.098554

Tableau 4.3. Index de performance $\left(J_P = \Sigma t |\Delta\omega_{i-1}|\right)$

4.6. Conclusion

Dans ce chapitre, Nous avons appliqué une approche non linéaire pour la conception d'un stabilisateur du système de puissance pour l'amortissement des oscillations électromécaniques de faible fréquence basé sur la combinaison de la commande par mode glissant et la commande adaptative floue. Le modèle mathématique du système de puissance est obtenu par l'incorporation des règles floues décrivant le comportement dynamique de ce système. Ainsi le problème des paramètres optimaux de la commande mode glissant est surmonté par l'algorithme d'optimisation par essaim de particules pour une machine reliée à un jeu de barre infini SMIB. Les résultats de simulations ont montré que le régulateur AFSMPSS permet efficacement d'améliorer l'amortissement et assurer la stabilité de système pour différents points de fonctionnement, il permet d'obtenir le meilleur amortissent des modes locaux et le mode interzone dans le système multi-machine comparativement avec les trois stabilisateurs (indirect AFPSS, FPSS, CPSS) pour différents types des contingences.

Conclusion Générale et Perspectives

On a présenté dans cette thèse la conception d'un stabilisateur intelligent capable d'amortir efficacement et rapidement les oscillations locales et d'interzones dans les systèmes d'énergies électriques soumis a des perturbations sévères diverses. La stabilité est renforcée grâce au stabilisateur indirect adaptatif flou de mode glissant proposé pour les systèmes multi-machines.

La modélisation du système à commander est une étape primordiale dans la conception de toute technique de contrôle. Les systèmes de puissance sont des systèmes fortement non-linéaires avec des paramètres variant avec le temps et leurs comportements sont pratiquement peu prédictibles. Leurs dynamiques complexes rendant leurs descriptions par un modèle mathématique exact difficile, voire utopique. Afin de contourner cette difficulté nous avons proposé un contrôleur intelligent, en l'occurrence un stabilisateur indirect adaptatif flou par mode glissant qui n'exige pas un modèle mathématique exact du système de puissance. En outre il permet d'assurer la stabilité et l'amortissement des oscillations indépendamment des points de fonctionnement et ce même en présence des variations paramétriques du système. De plus, il permet de maintenir de bonnes performances de poursuite en présence de perturbations externes sévères.

Les systèmes flous qui sont des approximateurs universels sont utilisés pour approximer le comportement dynamique non linéaire inconnu du système de puissance en utilisant les variables d'états mesurées directement comme des entrées.

La stabilité et la robustesse du système en boucle fermé est assurée par la synthèse de Lyapunov au sens que tous les signaux soient bornés tandis que les paramètres du contrôleur sont ajustés en ligne via les lois d'adaptation développées.

Afin d'évaluer les performances du stabilisateur proposé face aux différents contingents couramment rencontrés dans le réseau, deux systèmes de puissance de Kundur, un réseau mono machine reliée à un jeu de barre infini (SMIB) et un le réseau test multi-machines comportant quartes machines et deux régions on fait l'objet de simulation pour différents points de fonctionnement.

Les résultats obtenus après élimination de défaut montre que le stabilisateur proposé indirect IAFSM assure une bonne tenue en stabilité et permet l'amortissement rapide et efficacité des oscillations locales et interzones. Les résultats obtenus sont comparés à ceux des stabilisateurs indirects adaptatifs flous AFPSS, stabilisateur flou FPSS et d'un stabilisateur de puissance conventionnel CPSS. Pour conclure, compte tenu des résultats obtenus, nous pouvons dire que le stabilisateur indirect adaptatif flou mode glissant assure la robustesse tant en stabilité qu'en performance pour nombre de sévères conditions d'opérations.

Une extension de ce travail dans l'avenir est envisagé spécialement pour :

- Application des métaheuristiques dans le problème de placement optimal des systèmes FACTS et plus largement la commande non linéaire de ces systèmes dans les réseaux d'énergie électriques.

La coordination par les techniques intelligents entre les stabilisateur de puissance PSS et les systèmes FACTS.

Annexe

A.1. Paramètres de réseau mon-machine connectée à un jeu de barre infini (SMIB) [58]

a. Paramètres de générateur

$x_d = 1.81$ pu	$x'_d = 0.3$ pu	$x_l = 0.16$ pu
$x_q = 1.76$ pu	$x'_q = 0.65$ pu	$r_a = 0.003$ pu
$T'_{do} = 8.0$ s	$H = 3.5$ s	$f = 60$ Hz
$T'_{qo} = 1.0$ s	$K_D = 0$ pu	

b. Paramètres de transformateur

Impédance	0+0.15j
Puissance de base	2220 MVA
Tension de base	24 kV

c. Paramètres système d'excitation et PSS

$K_A = 200$	$T_A = 0.01$	$K_{STAB} = 9.5$	$T_W = 1.4$
$T_1 = 0.154$	$T_2 = 0.033$	$T_R = 0.02$	

A.2. Paramètres de réseau multi-machine : 4 générateurs et 11 jeux de barres [58]

a. Paramètres des générateurs

$S_n = 900$ MW	$U_n = 20$ Kv	$f = 60$ Hz
$x_d = 1.8$ pu	$x'_d = 0.3$ pu	$x_l = 0.2$ pu
$x_q = 1.7$ pu	$x'_q = 0.55$ pu	$r_a = 0.0025$ pu
$T'_{do} = 8.0$ s	$H = 6.5$ s (G1 et G2)	$K_D = 0$ pu
$T'_{qo} = 0.4$ s	$H = 6.175$ s (G3 et G4)	

Annexe

b. *Paramètres des transformateurs*

Impédance de court-circuit	0+0.15j
Puissance de base	900 MVA
Tension de base	20/230 kV

c. *Caractéristique des lignes*

Tension nominale	230 kV
Puissance de base	100 MVA
Tension de base	230 kV
Resistance	0.0001 pu/km
Réactance inductive	0.001 pu/km
Réactance capacitive	0.00175 pu/km

d. *Paramètres des charges*

Bus	Puissance active	Puissance inductive	Puissance capacitive
7	967 MVA	100 MVar	200 MVar
9	1767 MVA	100 MVar	350 MVar

e. *Paramètres des systèmes d'excitations et PSSs*

$K_A = 200$	$T_A = 0.01$	$K_{STAB} = 20$	$T_W = 10$
$T_1 = 0.05$	$T_2 = 0.02$	$T_3 = 3.0$	$T_4 = 5.4$

Bibliographie

[1] P.M. Anderson et A.A. Fouad, Power System Control and Stability, Iowa State University Press 1977.

[2] F. P. DeMello, L. N. Hannet et J. M. Undrill, Practical approaches to supplementary stabilizing from accelerating power, IEEE Trans. on Power Apparatus and Syst., vol. 97, no. 5, pp. 1515-1522, 1978.

[3] E.V. Larsen et D.A. Swann, Applying power system stabilizers part-I: General concepts, IEEE Trans. Power App. Sys., vol. 100, no. 6, pp. 3017-3024, 1981.

[4] P. Kundur, M. Klein, G.J. Rogers et M.S. Zywno, Application of power system stabilizers for enhancement of overall system stability, IEEE Trans. Power Syst., vol. 4, no. 2, pp. 614–626, 1989.

[5] P. S. Rao et I. Sen, Robust pole placement stabilizer design using linear matrix inequalities, IEEE Trans. on Power Sys., vol. 15, no. 1, pp. 313–319, 2000.

[6] C.T. Tse, et S.K. Tso, Refinement of conventional PSS design in multimachine system by modal analysis, IEEE Trans. Power Syst., vol. 8, no. 2, pp. 598–605, 1993.

[7] M.A. Furini, A.L.S. Pereira et P.B. Araujo, Pole placement by coordinated tuning of power system stabilizers and FACTS-POD stabilizers. Int J Electr. Power Energy Syst., vol. 33, pp. 615–622. 2011.

[8] A. Khodabakhshian, Pole-zero assignment adaptive stabiliser, Electric Power Syst. Res., vol. 73, pp. 77–86, 2005.

[9] H. Werner, P. Korba et T. Chen Yang, Robust tuning of power system stabilizers using LMI techniques, IEEE Trans. on Control Syst. Technology, vol. 11, no. 1, pp. 147–152, 2003.

[10] M.R. Esmaili, A. Khodabakhshian, P.G. Panah et S. Azizkhani, A new robust multi-machine power system stabilizer design using quantitative feedback theory, Int J Electr. Power Energy Syst., vol. 11, pp. 75–85, 2013.

[11] G. K. Befekadu, et I. Erlich, Robust decentralized controller design for power systems using matrix inequalities approaches, IEEE/PES General Meeting, pp. 18–22, 2006.

[12] A. Khodabakhshian et R. Hemmati, Robust decentralized multi-machine power system stabilizer design using quantitative feedback theory, Electr. Power Energy Syst., vol. 41, pp. 112–119, 2012.

[13] J. Talaq, Optimal power system stabilizers for multi machine systems, Int J Electr. Power Energy Syst., Vol. 43, no. 1, pp. 793–803, 2012.

[14] R.J. Flaming et J. Sun, An optimal multivariable stabilizer for a multimachine plant, IEEE Trans. Energy Conv., vol. 5, no. 1, pp. 15–22. 1990.

[15] H. S. Furuya et J. Irisawa, A Robust H_∞ power system stabilizer design using reduced-order models, Int J Electr. Power Energy Syst., vol. 28, pp. 21–28, 2006.

[16] V.A.F. de Campos, J.J. da Cruz et L.C. Jr Zanetta, Robust and optimal adjustment of Power System Stabilizers through Linear Matrix Inequalities. Int J Electr. Power Energy Syst., Vol. 42, no. 1, pp. 478–486, 2012.

[17] B. Wu, O.P. Malik, Multivariable adaptive control of synchronous machines in a multi-machine power system, IEEE Trans. Power Syst., vol. 21, no. 4, pp. 1772-1781, 2006.

[18] L. Teh-Lu, Design of an adaptive nonlinear controller to improve stabilization of a power system, Electr. Power Energy Syst., vol. 21, pp. 433–441, 1999.

[19] G.P. Chen et O.P. Malik, Tracking constrained adaptive power system stabilizer, IEE Proc. Gener. Transm. Distrib, vol. 142, pp. 149-156, 1995.

[20] A.N. Cuk Supriyadi, H. Takano, J. Murata et T. Goda, Adaptive robust PSS to enhance stabilization of interconnected power systems with high renewable energy penetration, Renewable Energy, vol. 63, pp. 767-774, 2014.

[21] M.L. Kothan, K. Bhattacharya et J. Nanda, Adaptive power system stabilizer based on pole shifting technique, IEE Proc. Cener. Transm. Distrib., vol. 143,

no. 1, pp. 96–98, 1996.

[22] T. Hiyama, Real time control of micro-machine system using micro-computer based fuzzy logic power system stabilizer, IEEE Trans. Energy Conv., vol. 9, no. 4, pp. 724–731, 1994.

[23] K.A. El-Metwally, G.C. Hancock et O.P. Malik, Implementation of a fuzzy logic PSS using a micro-controller and experimental test results, IEEE Trans. Energy Conv., vol. 11, no. 1, pp. 91–96, 1996.

[24] M.A. Hassan, O.P. Malik et G.S. Hope, A fuzzy logic based stabilizer for a synchronous machine, IEEE Trans. Energy Conv., vol. 6, no. 3, pp. 407–413, 1991.

[25] Y.J Lin, Proportional plus derivative output feedback based fuzzy logic power system stabilizer, Int J Electr Power Energy Syst., vol. 44, no. 1, pp. 301–307, 2013.

[26] P.S. Bhati et R. Gupta, Robust fuzzy logic power system stabilizer based on evolution and learning, Int J Electr. Power Energy Syst., vol. 53, pp. 357–366, 2013.

[27] B. Changaroon, S.C. Srivastava et D. Thukaram, A neural network based power system stabilizer suitable for on-line training—a practical case study for EGAT system, IEEE Trans. Energy Conv., vol. 15, no. 1, pp. 103-109, 2000.

[28] Y. Zhang, O.P. Malik et G.P. Chen, Artificial neural network power system stabilizers in multi-machine power system environment, IEEE Trans. Energy Conv., vol. 10, no. 1, pp. 147-155, 1995.

[29] H.L. Zeynelgil, A. Demiroren et N.S. Sengor, The application of ANN technique to automatic generation control for multi-area power system. Int J Electr Power Energy Syst., vol. 24, no. 5, pp. 345–54, 2002.

[30] Demirören. Automatic generation control for power system with SMES by using neural network controller. Electr Power Compon. Syst., vol. 31, no. 1;pp. 1–25, 2003.

Bibliographie

[31] M.A Abido, et Y.L. Abdel-Magid. Adaptive tuning of power system stabilizers using radial basis function networks, Electr. Power Syst. Res., vol. 49, no. 1, pp. 21–29, 1999.

[32] N. Hosseinzadeh et A. Kalam, A direct adaptive fuzzy power system stabilizer, IEEE Trans. Energy Conv., vol. 14, no. 4, pp. 1564–1571, 1999.

[33] N. Hosseinzadeh et A. Kalam, An indirect adaptive fuzzy power system stabilizer. Int J Electr. Power Energy Syst., vol. 24, no. 10, pp. 837–842, 2002.

[34] A.L. Elshafei, K.A. El-Metwally et A.A. Shaltout, A variable-structure adaptive fuzzy-logic stabilizer for single and multi-machine power systems. Control Eng. Prac., vol. 13, pp. 413–423, 2005.

[35] T. Hussein, M.S. Saad, A.L. Elshafei et A. Bahgat, Damping inter-area modes of oscillation using an adaptive fuzzy power system stabilizer, Elect. Power Syst. Res., vol. 80, pp. 1428–1436, 2010.

[36] T. Hussein, M.S. Saad, A.L. Elshafei et A. Bahgat, Robust adaptive fuzzy logic power system stabilizer, Expert Syst. with Appl., vol. 36, pp. 12104–12112, 2009.

[37] K. Saoudi, Z. Bouchama, M.N. Harmas, et K. Zehar, Indirect Adaptive Fuzzy Power System Stabilizer, AIP conference proceedings, vol. 1019, pp. 512-515, 2008.

[38] Z. Bouchama, et M.N. Harmas, Optimal robust adaptive fuzzy synergetic power system stabilizer design, Electr. Power Syst. Res., vol. 83, no. 1, pp. 170–175, 2012.

[39] R. You, J.E. Hassan et M.H. Nehrir, An online adaptive neuro-fuzzy power system stabilizer for multi-machine systems, IEEE Trans. Power Syst., vol. 18, no. 1, pp. 128–135, 2003.

[40] S.M. Radaideh, I.M. Nejdawi et M.H. Mushtaha, Design of power system stabilizers using two level fuzzy and adaptive neuro-fuzzy inference systems, Int J Electr. Power Energy Syst., vol. 35, no. 1, pp. 47–56, 2012.

[41] J. Fraile-Ardanuy et P.J. Zufiria, Design and comparison of adaptive power system stabilizers based on neural fuzzy networks and genetic algorithms, Neurocomputing, vol. 70, pp. 2902 – 2912, 2007.

[42] S.H. Hosseini, et A.H. Etemadi, Adaptive neuro-fuzzy inference system based automatic generation control, Electr. Power Syst. Res., vol. 78, no. 7, pp. 1230–1239, 2008.

[43] W. Liu, G.K. Venayagamoorthy et D.C. Wunsch, Design of an adaptive neural network based power system stabilizer, Neural Networks, vol. 16, pp. 891–898, 2003.

[44] M.A. Abido, Optimal design of power-system stabilizers using Particle Swarm Optimization, IEEE Trans. Energy Convers., vol. 17, no. 3; pp. 406–413, 2002.

[45] H.E. Mostafa, M.A. El-Sharkawy, A.A. Emary et K. Yassin, Design and allocation of power system stabilizers using the particle swarm optimization technique for an interconnected power system, Int J Electr. Power Energy Syst., vol. 34, pp. 57–65, 2012.

[46] A.M. El-Zonkoly, A.A. Khalil et N.M. Ahmed, Optimal tuning of lead-lag and fuzzy logic power system stabilizers using particle swarm optimization, Expert Syst. Appl., vol. 36, pp. 2097–2106, 2009.

[47] H. Shayeghi, A. Safari, et H.A. Shayanfar, PSS and TCSC damping controller coordinated design using PSO in multi-machine power system, Energy Conv. Manage., vol. 51, pp. 2930–2937, 2010.

[48] A. Kazemi, M.R. Jahed Motlagh et A.H. Naghshbandy, Application of a new multi-variable feedback linearization method for improvement of power systems transient stability, Electr. Power Energy Syst., vol. 29, pp. 322–332, 2007.

[49] B. Kalyan Kumar, S.N. Singh et S.C. Srivastava, A decentralized nonlinear feedback controller with prescribed degree of stability for damping power system oscillations, Electr. Power Syst. Res., vol. 77, pp. 204–211, 2007.

[50] N. Yadaiah et N. Venkata Ramana, Linearisation of multi-machine power

system: Modelingand control – A survey, Electr. Power Energy Syst., vol. 29, pp. 297–311, 2007.

[51] M.A. Mahmud, H.R. Pota, M. Aldeen et M.J. Hossain, Partial Feedback Linearizing Excitation Controller for Multimachine Power Systems to Improve Transient Stability, IEEE Trans. Power Syst., vol. 29, no. 2, pp. 561-571, 2014.

[52] V.G.D.C. Samarasinghe et N.C. Pahalawaththa, Stabilization of a multi-machine power system using nonlinear robust variable structure control, Electr. Power Syst. Res., vol. 43, pp. 11–17, 1997.

[53] H. Huerta, A.G. Loukianov et J.M. Cañedo, Decentralized sliding mode block control of multi-machine power systems, Int J Electr. Power Energy Syst., vol. 32, pp. 1–11, 2010.

[54] J. Fernandez-Vargas et G. Ledwich, Variable structure control for power systems stabilization, Int J Electr. Power Energy Syst., vol. 32, pp. 101–107, 2010.

[55] H.N. Al-Duwaish et M. Al-Hamouz, A neural network based adaptive sliding mode controller: Application to a power system stabilizer, Energy Conver. Manage., vol. 52, pp. 1533–1538, 2011.

[56] K. Saoudi, M.N. Harmas et Z. Bouchama, Design and Analysis of an Indirect Adaptive Fuzzy Sliding Mode Power System Stabilizer. In Proceedings of Second International Conference on Electrical and Electronics Engineering, pages 96-100, 2008.

[57] P. Kundur, J. Paserba, V. Ajjarapu, G. Andersson, A. Bose, C. Canizares, N. Hatziargyriou, D. Hill, A. Stankovic, C. Taylor, T.V. Cutsem et V. Vittal, Definition and classification of power system stability, IEEE/CIGRE joint task force on stability terms and definitions, IEEE Trans. Power Syst., vol. 19, no. 3, pp. 1387-1401, 2004.

[58] P. Kundur; Power system stability and control, New York: McGraw-Hill, 1994.

[59] H. Elkhatib, Etude de la stabilité aux petites perturbations dans les grands

réseaux électriques : optimisation de la régulation par une méthode metaheuristique, Université de Paul Cezanne D'aix, Thèse de Doctorat, 2008.

[60] K.W. Chan, C.H. Cheung et H.T. Su, Time domain simulation based transient stability assessment and control, Proceedings Power Conv., Vol. 3, pp. 1578-1582, 2002.

[61] N. Kandil, Algorithmes pour accélérer la simulation en stabilité transitoire, Thèse d'état, Université de Montréal, 1999.

[62] A.R. Bergen et V. Vittal, Power System Analysis. 2nd Edition, Prentice Hall, 2000.

[63] J. D., Glover, M. S. Sarma et T. Overbye, Power system analysis and design, Thomson, 2008.

[64] E. Gholipour Shahraki, Apport de l'UPFC à l'amélioration de la stabilité transitoire des réseaux électrique, Université Henry Poincare, Thèse de doctorat, 2003.

[65] J. J. Grainger et W. D. Stevenson, Power system analysis, McGraw-Hill, 1994.

[66] CIGRE Task Force 38.02.17, Advanced angle stability controls, A Technical Brochure for International Conference on Large High Voltage Electric Systems (CIGRE), December 1999.

[67] M. El-Hawary et J. Momoh, Electric Systems Dynamics and Stability with Artificial Intelligence Applications, Marcel Dekker 2000.

[68] M. A. Pai, Power system stability analysis by the direct method of Lyapunov, 1982.

[69] H. Sakaguchi, A. Ishigame et S. Suzaki, Transient Stability Assessment For Power System Via Lur'e Type Lyapunov Function, IEEE Power System conference exposition, vol. 1, pp. 7803-8718 2004.

[70] M. Crapp, Stabilité et sauvegarde des réseaux d'énergie électrique, Bermes science publication, Lavoisier, 2003.

[71] V. Van Acker, J.D. McCalley, V.Vittal et J.A. Pecas Lopes, Risk-based transient stability assessment, In Electric Power Engineering, International Conference on Power Tech Budapest, pp. 235, 1999.

[72] L. Wehenkel, C. Lebrevelec, M. Trotignon et J. Batut, Probabilistic design of power-system special stability controls, Control Eng. Prac., vol. 7, no 2, pp. 183-194, 1999.

[73] K.A. Loparo et F. Abdel-Malek, A probabilistic approach to dynamic power system security »., IEEE Trans. Circuits and Syst., vol. 37, no 6, pp. 787-798, 1990.

[74] P.W. Sauer et M.A. Pai, Power system dynamics and stability, Englewood Cliffs, NJ, Prentice-Hall, 1998.

[75] P.M. Anderson et A.A. Fouad, Power System Control and Stability, IEEE. Press, 2006.

[76] K.R. Padiyar, Power System Dynamics Stability and Control; 2nd Edition, BS Publications, 2008.

[77] J. Machowski, J.W. Bialek et J.R. Bumby, Power system dynamics: stability and control; 2nd Edition, John Wiley & Sons, Ltd, 2008.

[78] K.J. Aström et B. Wittenmark, Adaptive control, Addisson-Wesley, 1989.

[79] S.S. Sastry et M. Bodson, Adaptive Control: Stability, Convergence, and Robustness, Prentice Hall, Englewood Cliffs, NJ, 1989.

[80] J.E. Slotine, W. Li, Applied nonlinear control, Englewood Cliffs, NJ, Prentice-Hall; 1991.

[81] H.K. Khalil, Nonlinear Systems, Prentice Hall, 1996.

[82] A. Isodori, Nonlinear control systems II, Springer-verlag, 1999.

[83] D.W.C. Ho, J. Li et Y. Niu, Adaptive neural control for a class of nonlinearly parametric time-delay systems, IEEE Trans. Neural Networks, vol. 16, no. 3, pp. 625-635, 2005.

[84] L.X. Wang, Adaptive fuzzy systems and control: Design and stability analysis, Prentice-Hall, Englewood Cliffs, NJ, 1994.

[85] S. Labiod, M.S. Boucherit et T.M. Guerra, Adaptive fuzzy control of a class of MIMO nonlinear systems, Fuzzy Sets and Systems, vol. 151, no. 1, pp. 59-77, 2005.

[86] Y.G. Leu, W.Y. Wang et T.T. Lee, Robust adaptive fuzzy-neural controller for uncertain nonlinear systems, IEEE Trans. Robotics Automat, vol. 15, pp. 805–817, 1999.

[87] J.R. Noriega et H. Wang, A direct adaptive neural network control for unknown nonlinear systems and its application, IEEE trans. Neural Networks, vol. 9, pp. 27-34, 1998.

[88] L.X. Wang, Stable Adaptive Fuzzy Control of Nonlinear System, *IEEE Trans. Fuzzy Syst.*, vol. 1, no. 2, pp. 146-155, 1993.

[89] C.F. Hsu, C.M. Lin et R.G. Yeh, Supervisory adaptive dynamic RBF-based neural-fuzzy control system design for unknown nonlinear systems, Applied Soft Computing, vol.13, pp. 1620–1626, 2013.

[90] V.I. Utkin, Sliding Modes in Control Optimisation, Springer-Verlag, 1992.

[91] W. Perruquetti et J. P. Barbot, Sliding Mode Control in Engineering, Marcel Dekker, 2002.

[92] K. Saoudi et M.N. Harmas, Enhanced Design of an Indirect Adaptive Fuzzy Sliding Mode Power System Stabilizer for Multi-Machine Power Systems'', Int J Electr. Power Energy Syst., vol. 54, no. 1, pp. 425–431, 2014.

[93] K. Saoudi, M.N. Harmas, et Z. Bouchama, Design of a Robust and Indirect Adaptive Fuzzy Power System Stabilizer Using Particle Swarm Optimization, Energy Sources, Part A: Recov. Utiliz. Envir. Effects, vol. 36, no. 15, pp. 1670-1680, 2011.

[94] A. Karimi et A. Feliachi, Decentralized adaptive backstepping control of electric power systems, Electr. Power Syst. Res., vol. 18, no. 3, pp. 484–493, 2008.

[95] L.X. Wang, Stable adaptive fuzzy controllers with application to inverted pendulum tracking, IEEE Trans. Syst. Man. Cyber. Part B, vol. 26, no. 5, pp. 677–691, 1996.

[96] H.F. Ho et Y.K. Wong, A.B. Rad, Adaptive fuzzy sliding mode control with chattering elimination for nonlinear SISO systems, Simul. Modelling Pract. Theory, vol. 17, pp. 1199–1210, 2009.

[97] H.F. Ho et K.W.E, Cheng Position control of induction motor using indirect adaptive fuzzy sliding mode control, Third international conference on power electronics systems and applications, PESA, pp. 1–5, 2009.

[98] J. Kennedy et R.C, Eberhart, Particle swarm optimization, IEEE conference Proceedings, Neural Networks, vol. 4, pp. 1942-1948, 1995.

[99] J. Kennedy et R.C. Eberhart, Swarm Intelligence, San Francisco, Morgan Kaufmann Publishers, 2001.

[100] M. Clerc et J. Kennedy, The particle swarm: explosion stability and convergence in a multi-dimensional complex space, IEEE Trans. on Evolutionary Computation, vol. 6, no. 1, pp. 58-73, 2002.

[101] Y.L. Kwang et M.A. El-Sharkawi, Modern Heuristic Optimization Techniques: Theory and Applications to Power Systems, IEEE Press Series on Power Engineering, 2008.

[102] Lamine Mili, Opportunity study on the use of phasor measurement in an interconnected power system, 1997.

[103] Olof Samuelsson, Power System Damping: Structural aspects of controlling active power, thèse à Lund, 1997.

[104] N.G. Hingorani, Flexible AC Transmission, IEEE spectrum, vol. 30, pp. 40-45, 1993.

Oui, je veux morebooks!

I want morebooks!

Buy your books fast and straightforward online - at one of the world's fastest growing online book stores! Environmentally sound due to Print-on-Demand technologies.

Buy your books online at

www.get-morebooks.com

Achetez vos livres en ligne, vite et bien, sur l'une des librairies en ligne les plus performantes au monde!
En protégeant nos ressources et notre environnement grâce à l'impression à la demande.

La librairie en ligne pour acheter plus vite

www.morebooks.fr

SIA OmniScriptum Publishing
Brivibas gatve 1 97
LV-103 9 Riga, Latvia
Telefax: +371 68620455

info@omniscriptum.com
www.omniscriptum.com

Printed by Books on Demand GmbH, Norderstedt / Germany